Jairo José Rondón Contreras

Breu de alcatrão de petróleo

Jairo José Rondón Contreras

Breu de alcatrão de petróleo

Um estudo experimental como aglutinante

ScienciaScripts

Cover image: www.ingimage.com

This book is a translation from the original published under ISBN 978-613-9-40755-2.

Publisher:
Sciencia Scripts
is a trademark of
Dodo Books Indian Ocean Ltd. and OmniScriptum S.R.L publishing group

120 High Road, East Finchley, London, N2 9ED, United Kingdom
Str. Armeneasca 28/1, office 1, Chisinau MD-2012, Republic of Moldova, Europe
Managing Directors: Ieva Konstantinova, Victoria Ursu
info@omniscriptum.com

Printed at: see last page
ISBN: 978-620-8-54842-1

Conteúdo

DEDICAÇÃO

À minha mulher Alicia e à minha filha Paula, os meus dois amores.

AGRADECIMENTOS

Aos meus pais, fonte de admiração, a quem devo agradecer por me terem dado a vida e me terem formado como um homem independente, incutindo
por me terem dado a vida e me terem formado um homem independente, incutindo-me a conduta e a
e a firmeza moral que orienta o meu caminho na vida. Sei que eles estarão sempre orgulhosos de mim.
orgulhosos de mim.
À minha mulher Alicia e à minha filha Paula, por encherem a minha vida de amor e alegria.
Aos meus colegas que sempre me apoiaram na realização deste livro.
Ao Dr. Héctor Del Castillo, que esteve muito atento a este projeto,
e o seu apoio e conhecimento em todos os momentos, muito obrigado.
À Ilustre Universidade dos Andes por me ter dado a oportunidade de
de me desenvolver de forma integral.

PRÓLOGO

Neste livro, encontrará informação sobre a produção de breu de alcatrão de petróleo (PTP) a partir de gasóleo de vácuo (VGO) para utilização como aglutinante de ânodos de carbono na indústria do alumínio, uma matriz experimental para a sua produção e um modelo termodinâmico para avaliar a sua conversão de gasóleo de vácuo em breu de alcatrão de petróleo.

Nas primeiras páginas, encontra-se uma síntese de tudo o que está relacionado com o craqueamento térmico do ponto de vista da refinação e com os conceitos de gasóleo de vácuo e de breu de alcatrão de petróleo, escrito de forma a que os interessados que estão a iniciar-se no mundo da refinação fiquem imediatamente familiarizados com os processos técnicos.

Em seguida, verá uma metodologia experimental para a obtenção de base de piche de alcatrão de petróleo em condições de severidade moderada. Obterá também um modelo termodinâmico baseado num mecanismo de quebra de ligações C-C, com formação de radicais livres, incluindo também quebras do tipo ponte entre sistemas aromáticos policondensados, como no caso das resinas e asfaltenos.

Por último, mas não menos importante, encontrará uma análise das propriedades do gasóleo de vácuo e do piche de alcatrão de petróleo, bem como conclusões sobre a produção de base de piche, seguindo esta breve metodologia.

Por outro lado, saberá que a ideia principal do autor deste livro é partilhar as suas experiências para que, através delas, o leitor possa facilmente compreender os conceitos fundamentais e as propriedades necessárias para a obtenção de breu de alcatrão de petróleo. Esperamos que este livro seja do vosso agrado e que a sua aplicação seja utilizada ou sirva de semente para novas ideias na indústria do petróleo e do alumínio.

Com os melhores cumprimentos,

Héctor L. Del Castillo P., Ph.D.

Universidade de Los Andes

Venezuela

INTRODUÇÃO

A indústria petrolífera mundial está atualmente a desenvolver investigação sobre processos de refinação destinados a aumentar a produção de correntes de elevado valor comercial a partir de petróleo bruto pesado e dos resíduos gerados como resultado do processamento nas refinarias. Tipicamente, os produtos obtidos numa refinaria de crude pesado são: Gás de Petróleo Liquefeito (GPL), Gasolina, Gasóleo, Querosene, Jet Fuel, Coque de Petróleo, Fuelóleo e outros diluentes; correntes que são maioritariamente comercializadas como recursos energéticos necessários ao funcionamento diário e ao desenvolvimento industrial à escala global. Embora a atividade de refinação tenha sido orientada quase exclusivamente para a produção de combustíveis, outros subprodutos e fluxos intermédios podem ser utilizados na indústria petroquímica, na indústria do alumínio e até na produção de materiais de carbono avançados.

A formulação e implementação de alternativas tecnológicas para o tratamento de efluentes de refinarias surge da necessidade de revalorizar estes subprodutos no mercado global, de forma a gerar maiores oportunidades de rendimento para a indústria petrolífera. É o caso dos gasóleos pesados ou de vácuo (GOV), produzidos por processos de craqueamento térmico, cuja baixa qualidade faz com que, em muitos casos, sejam utilizados como diluente e/ou combustível industrial.

Alguns destes gasóleos têm fracções aromáticas ricas em anéis condensados, pelo que a sua potencial aplicação tem sido considerada para a produção de breu de alcatrão de petróleo (BAP; que serve de aglutinante para ânodos de carbono utilizados na produção de alumínio), utilizando processos de cracking térmico, que envolvem a produção de radicais livres, reacções de polimerização, condensação, desidrogenação e desalquilação, sem utilização de catalisadores para o efeito.

Este livro é apresentado seguindo um procedimento para identificar e simular as condições físicas e químicas para a sua formação óptima. Neste sentido, propõem-se moléculas médias representativas da fração aromática contida nos pitches de GOV e de alcatrão e propõe-se um modelo termodinâmico à escala molecular para estabelecer as condições ideais para a conversão de GOV em pitch, através de uma análise computacional. Estas condições são depois analisadas após terem sido avaliadas num reator descontínuo com um sistema de aquecimento em leito fluidizado de areia.

De seguida, será apresentada a análise e caraterização dos produtos através da avaliação das propriedades físico-químicas e análises espectroscópicas, tais como: ponto de amolecimento, densidade, viscosidade, coque (resíduo de carbono), análise elementar; saturados, aromáticos, resinas e asfaltenos, (S.A.R.A); cromatografia gasosa (análise de aromáticos discriminados) e osmometria de pressão de vapor (V.P.O.).

CAPÍTULO 1

CONCEITOS BÁSICOS PARA A PRODUÇÃO DE PITCH

1.1 Óleo

A palavra petróleo provém das palavras latinas "PETRA" e "OLEUM", que significam pedra e óleo, uma vez que este se encontra na natureza aprisionado nas rochas do subsolo. A origem exacta do petróleo é ainda desconhecida, mas existe uma hipótese amplamente aceite, segundo a qual o petróleo é de origem orgânica e sedimentar, produto da decomposição da matéria de restos de plantas e animais depositados nos mares e oceanos, que, ao serem cobertos por sedimentos, geram um complexo processo físico-químico onde a pressão, o calor, a presença de microrganismos e, sobretudo, a passagem do tempo, transformam esses restos de materiais em óleos e gases dentro de um meio poroso normalmente composto por argilas e areias, denominado rocha geradora de petróleo [i].

O petróleo é uma mistura oleosa natural, inflamável, de cor variável entre o amarelo e o preto, com uma densidade igual ou inferior à da água e que, consoante a sua origem, pode apresentar uma grande variedade de viscosidades. No seu estado natural, o petróleo é constituído por uma série completa de hidrocarbonetos sólidos, líquidos e gasosos.

Estes hidrocarbonetos são moléculas constituídas por átomos de carbono e de hidrogénio, que variam tanto na relação carbono/hidrogénio como na estrutura molecular. Ao mesmo tempo, possuem em menores proporções elementos inorgânicos como: oxigénio (O), enxofre (S), azoto (N), vanádio (V), ferro (Fe), níquel (Ni); sob a forma de grupos funcionais como fenóis, cresóis, mercaptanos, tiofenos, sulfuretos, dissulfuretos e compostos organo-metálicos, que influenciam a qualidade dos derivados do petróleo [i]. A composição percentual típica do petróleo, como mostra a Figura 1, é de carbono 85%, hidrogénio 11,98%, oxigénio 2%, enxofre 1%, vanádio 0,0075%, níquel 0,005%, ferro 0,004%, cobre 0,003% e outros 0,0005% [ii,iii].

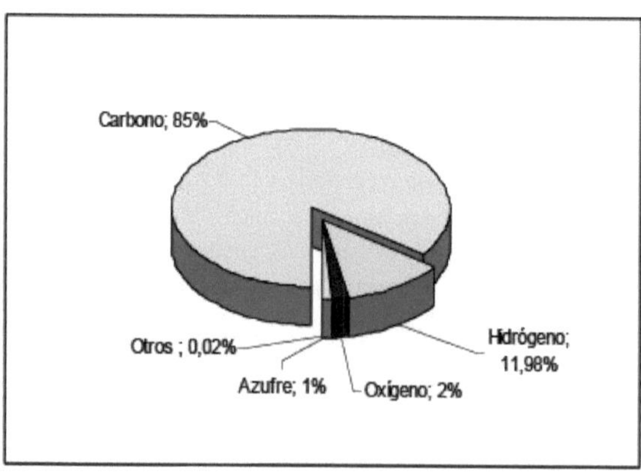

Figura 1: Composição química do petróleo [iii].

Por outro lado, estruturalmente, o petróleo é constituído principalmente por hidrocarbonetos alifáticos, nafténicos e aromáticos. Muitas vezes, as percentagens destes elementos dependem da maturidade do reservatório. Os critérios de classificação do petróleo mais utilizados são o gravimétrico (Tabela 1) e o químico. O primeiro deles leva em consideração a gravidade (densidade relativa) API, American Petroleum Institute [i], que é calculada pela equação descrita a seguir:

$$Grados\ API = \frac{141{,}5}{\text{Densidad relativa}} - 131{,}5 \qquad (1)$$

Graus API

Densidade relativa

Em que a densidade relativa é dada por

$$\text{Densidad relativa} = \frac{\text{Densidad del líquido}}{\text{Densidad del agua}} \ (A\ 60°F) \qquad (2)$$

Densidade relativa

Densidade

Densidade da água

De acordo com a gravidade API, o óleo pode ser classificado da seguinte forma:

Tabela 1. Tipo de óleo por densidade.

Petróleo ou crude	Densidade (g/cm^3)	Densidade relativa (°API)
Extra-pesado	>1,00	<10,00
Pesado	1,00 - 0,92	10,00 - 22,3
Médio	0,92 - 0,87	22,30 - 31,10
Ligeiro	0,87 - 0,83	31,10 - 39,00
Superlight	< 0,83	> 39,00

1.2. Refinação

O conjunto de processos físicos e químicos que transformam o petróleo bruto em produtos úteis é designado por refinação. A refinação é a utilização de calor, pressão e/ou produtos químicos para separar e combinar os tipos básicos de moléculas de hidrocarbonetos que ocorrem naturalmente no petróleo em grupos de moléculas semelhantes. Através de processos de refinação especializados, as estruturas e os tipos de ligação dos compostos de base podem ser reorganizados para os converter em produtos de maior valor comercial e aplicação [iv, v]. Na maioria dos casos, as propriedades dos produtos resultantes da refinação do petróleo e das suas fracções estão diretamente relacionadas com as caraterísticas do hidrocarboneto a ser separado ou convertido. Assim, o fator mais significativo no processo não é necessariamente o tipo de composto químico utilizado como meio de separação ou de reação, mas sim o tipo de hidrocarboneto presente no petróleo bruto (parafínico, nafténico ou aromático).

Em termos gerais, podem distinguir-se três processos ou operações básicas na refinação de petróleo: processos de separação, processos de conversão e processos de hidrotratamento ou purificação.

O processo de separação consiste em dividir o petróleo bruto em diferentes fracções sem alterar a estrutura básica do composto. Baseia-se na diferença de solubilidade, peso molecular, ponto de ebulição e/ou polaridade das diferentes fracções que compõem o petróleo bruto.

Os processos de conversão baseiam-se na transformação da estrutura molecular dos componentes do petróleo, geralmente por ação do calor e/ou com a utilização de catalisadores. Os processos de hidrotratamento ou de purificação utilizam o hidrogénio como principal insumo, que reage e elimina os compostos de enxofre, azoto, metais e oxigénio presentes nos hidrocarbonetos. Esta operação é efectuada para cumprir as especificações comerciais dos combustíveis, que estão intimamente relacionadas com o aspeto ambiental. Neste processo, ocorrem reacções adicionais para converter olefinas em compostos saturados e para reduzir o teor aromático. O hidrotratamento requer pressões e temperaturas elevadas e a conversão é efectuada num reator químico com um catalisador sólido constituído por gg-alumina impregnada com molibdénio, níquel e/ou cobalto. Para o âmbito desta investigação, os processos de refinação serão a destilação e o cracking térmico como métodos utilizados para a separação e conversão molecular do petróleo bruto e seus derivados [ii]. É importante referir que, na refinação, os processos de separação podem ser aplicados diretamente ao petróleo bruto ou a qualquer um dos seus derivados, enquanto as tecnologias de conversão estão praticamente limitadas à transformação de correntes e fracções residuais do petróleo bruto, como os gasóleos.

1.2.1. Destilação fraccionada

Após a dessalinização do óleo, que consiste na remoção de pequenas quantidades de sais inorgânicos, normalmente dissolvidos na água restante, através da adição de uma corrente de água doce (com baixo teor de sal) à corrente de óleo desidratado, a destilação é o primeiro processo que aparece num esquema de refinação clássico. Consiste em vaporizar um líquido ou uma mistura de líquidos, condensar o vapor e recolher o(s) componente(s), concentrando-o(s) noutro recipiente.

A destilação fraccionada é o processo por excelência utilizado na refinação do petróleo para separar os seus diferentes componentes. Para que ocorra a separação de cada um dos componentes, é necessário que se atinja o equilíbrio entre a fase líquida e a fase de vapor, uma vez que, desta forma, os componentes mais leves ou de menor peso molecular se concentram na fase de vapor e, pelo contrário, os de maior peso molecular predominam na fase líquida. Por outras palavras, a destilação baseia-se na diferença de volatilidade dos hidrocarbonetos presentes na mistura (ponto de ebulição) [ii, vi, vii], estes componentes são denominados fracções e são obtidos sob a forma de correntes laterais líquidas quando o óleo é destilado numa coluna, denominada torre de fracionamento. A coluna é mantida muito quente no fundo e a temperatura diminui gradualmente em direção ao topo, onde os vapores passam para um sistema de arrefecimento chamado pratos, no qual as diferentes fracções são gradualmente condensadas de acordo com os seus pontos de ebulição específicos. Com base na volatilidade, as fracções podem ser classificadas por ordem decrescente em gases, destilados leves, destilados médios, gasóleos e resíduos. Cada uma das fracções é armazenada e depois alimentada a unidades que visam a recuperação dos hidrocarbonetos.

1.2.2. Destilação atmosférica e de vácuo

O esquema clássico de refinação começa com um dessalinizador, equipamento que permite a remoção da maior parte dos sais e da água contidos no hidrocarboneto. O petróleo dessalinizado industrialmente é pré-aquecido utilizando o calor recuperado do processo, sendo depois transferido para um aquecedor de petróleo bruto por aquecimento direto e daí para uma torre ou coluna de destilação vertical que funciona a temperaturas da ordem dos 340 °C e à pressão atmosférica. Neste equipamento, obtém-se a separação física em diferentes fracções de destilação direta, que incluem o gás de petróleo liquefeito, a nafta, o querosene, o gasóleo leve, o gasóleo pesado e um resíduo que não se evapora, uma vez que entra em ebulição acima dos 340 °C [viii, ix].

Uma vez que a maioria dos hidrocarbonetos contidos no resíduo da destilação atmosférica começa a reagir acima da temperatura de 350 °C (o que altera a estrutura molecular do hidrocarboneto a separar), este é bombeado para uma segunda coluna que funciona em condições de vácuo, proporcionando a pressão reduzida necessária para evitar a fissuração térmica.

1.3. Rachaduras

Após a destilação, os diferentes cortes ou fracções do petróleo bruto são submetidos a tratamentos complementares destinados a modificar as estruturas moleculares das fracções de alimentação e a aumentar o rendimento dos produtos leves. Estes sistemas são designados por processos de conversão. Entre eles encontra-se o cracking, uma reação que consiste essencialmente em quebrar ou decompor as longas moléculas de hidrocarbonetos de elevado peso molecular e elevado ponto de ebulição em hidrocarbonetos de peso molecular inferior. Esta reação espontânea tem uma energia de ativação elevada, o que significa que é necessário o fornecimento de calor e/ou a presença de catalisadores para que ocorra. A utilidade do cracking reside no elevado valor comercial das fracções petrolíferas mais leves, principalmente quando são utilizadas como combustíveis e materiais de base para processamento posterior [x]. Os processos de cracking são classificados em dois tipos, dependendo da presença ou ausência de catalisadores. O primeiro é conhecido como craqueamento térmico, em que a energia necessária para quebrar as ligações químicas é fornecida por uma fonte de calor externa. Por outro lado, o cracking catalítico, para além do calor, emprega uma ou mais substâncias químicas denominadas catalisadores que intervêm na velocidade da reação, acelerando ou retardando, em certa medida, a reação química que se produz sem modificar a sua massa [viii], contribuindo para o aumento da seletividade em relação ao produto, favorecendo a geração do composto químico que se pretende obter.

1.3.1. Fratura térmica

>Os fenómenos de craqueamento térmico ocorrem como consequência da aplicação de temperaturas elevadas (350 °C ou 660 °F) para quebrar, reorganizar ou combinar moléculas de hidrocarbonetos sem a intervenção de catalisadores [xi]. O cracking térmico de hidrocarbonetos provou ser um processo industrial muito importante e amplamente utilizado. Neste processo, o calor de reação requerido pelo sistema aumenta à medida que o ponto de ebulição da alimentação aumenta. As reacções de craqueamento são endotérmicas (consomem calor/energia), espontâneas e a desintegração dos hidrocarbonetos não é selectiva (de modo que pode ser gerada uma variedade de estruturas com diferentes pesos moleculares e pontos de ebulição) porque as reacções secundárias de desidrogenação, condensação e polimerização, que são exotérmicas, ocorrem simultaneamente [xii]. Estas reacções de craqueamento térmico, que envolvem a formação de radicais livres, são responsáveis pela geração de produtos mais leves, bem como pela produção de resíduos mais pesados, com uma relação carbono/hidrogénio (C/H) superior à da alimentação, limitando os níveis de craqueamento térmico pela estabilidade do produto gerado, estabilidade essa que depende da quantidade de compostos químicos de elevado peso molecular formados, verificando-se geralmente que quanto maior é a conversão, maior é a taxa de produção de subprodutos indesejáveis [xi, xiii, xiv, xv]. É por isso que, ao mesmo tempo que ocorre a quebra térmica das moléculas de hidrocarbonetos pesados, decompondo-as em fracções mais leves, podem ocorrer reacções que favorecem a produção de coque como subproduto indesejado [xvi, xvii]. As variáveis chave nas operações de conversão térmica são a temperatura de reação e o tempo de

residência. A combinação destes factores define a severidade do tratamento. Normalmente, este termo qualitativo refere-se ao grau de conversão obtido na decomposição térmica da carga [xviii]. No entanto, embora a pressão não seja uma variável tão importante na definição destes parâmetros nas reacções de pirólise, é um fator que pode influenciar o estado físico da matéria (gás,

líquido ou sólido), bem como na estabilidade química dos radicais livres formados.

1.3.2. Química do cracking térmico

Devido à multiplicidade de reacções que ocorrem durante o cracking térmico dos hidrocarbonetos provenientes do processamento do petróleo bruto, a representação de um mecanismo não pode ser expressa numa simples equação química. No entanto, este tipo de reação ocorre a altas temperaturas, e baseia-se num mecanismo generalizado desenvolvido por Kossiskoff e Rice [xix, xx], que justifica que a decomposição térmica envolve uma reação em cadeia de radicais livres (compostos químicos que possuem um eletrão desemparelhado). As etapas da reação incluem as seguintes fases:

- Iniciação: introdução do radical livre no sistema de reação. Na pirólise, a reação é iniciada por um agente externo, geralmente este tratamento térmico é de tipo severo.

$$R_n \xrightarrow{k_1} 2R^{\bullet} \qquad (3)$$

- Propagação: série de reacções que convertem reagentes em produtos, deixando a concentração de radicais inalterada. Normalmente, as etapas de propagação incluem: transferência de hidrogénio, isomerização, decomposição de radicais (a sua reação inversa) e adição de radicais.

Transferência de cadeia: $R^{\bullet} + R_n \xrightarrow{k_2} RH + R_n^{\bullet}$ (4)

β - Incisão: $R_n^{\bullet} \xrightarrow{k_3} R^{\bullet} + Olefina$ (5)

- Terminação: combinação e/ou desproporção de radicais para dar origem a produtos estáveis. Neste processo, um dos radicais transfere um átomo de hidrogénio para o outro radical para produzir um alcano e um alceno.

$$Radical(R_n^{\bullet} o R^{\bullet}) + Radical(R_n^{\bullet} o R^{\bullet}) \xrightarrow{k_4} \Pr oductos \qquad (6)$$

A equação (5) é designada por β-Iniciação, porque a ligação C-C está localizada a dois átomos de distância do carbono deficiente em hidrogénio, onde ocorre a quebra da ligação para formar uma olefina e um radical alquilo mais pequeno. As reacções em cadeia ocorrem quando as reacções de propagação (4) e (5) são mais frequentes do que a iniciação (3) e a terminação (6), porque os radicais livres se acumulam até um estado pseudo-estável que permite reacções de craqueamento térmico. Um exemplo de reacções via iniciação β é observado com o radical n-butano, que é apresentado abaixo nas equações (7) e (8):

$$CH_3CH_2CH_2CH_3 + R^{\bullet} \longrightarrow RH + {}^{\bullet}CH_2CH_2CH_2CH_3 \qquad (7)$$

$${}^{\bullet}CH_2CH_2CH_2CH_3 \longrightarrow CH_2 = CH_2 + {}^{\bullet}CH_2CH_3 \ldots \qquad (8)$$

A reatividade dos componentes da alimentação determina as reacções de craqueamento térmico. Assim, a reatividade química estrutural das famílias aumentará na ordem crescente das moléculas de parafina, naftalenos, olefinas e aromáticos (Figura 2).

As energias de dissociação das ligações são apresentadas na Tabela 2, que fornece uma visão geral da dificuldade de quebrar os diferentes tipos de ligações presentes nos hidrocarbonetos que constituem o petróleo bruto [xxi].

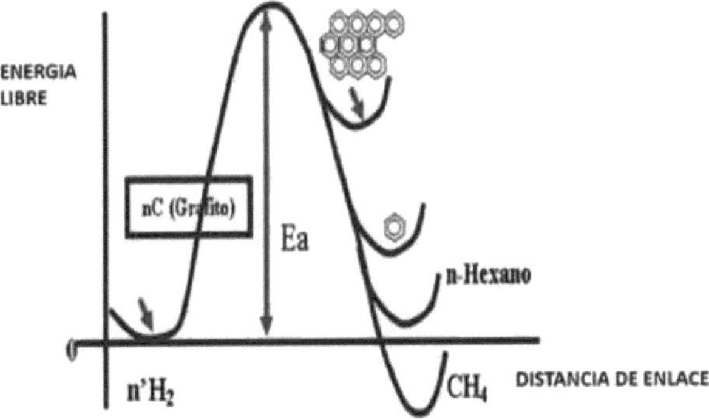

Figura 2. Energia livre Vs. tempo de residência.

Tabela 2. Energia de dissociação da ligação [xiv, xv].

Ligação	Energia de dissociação da ligação (Kcal. /mole)
C-C	*82,6*
C=C	145,8
C C	199,9
C-H (n-alcanos)	98,7
C-H (aromáticos)	110,5
H-H	104,2
C-O (metoxi)	85,5
C-S	65,0
S-S	84,0
S-H	83,0
C-N (amina)	72,8
C=N	147,0

A partir da Tabela 2, observa-se que a energia de dissociação das ligações de heteroátomos de carbono é muito menor do que a de outras ligações típicas de estruturas de fracções petrolíferas. Por este motivo, a quebra deste tipo de ligações ocorrerá em primeiro lugar, o que implica que quanto maior for o teor de heteroátomos como o enxofre e o azoto, entre outros, nas estruturas moleculares do material de enchimento, maior será a taxa de quebra das moléculas por craqueamento térmico.

A Tabela 3 apresenta a variedade de reacções que ocorrem em função do tipo de alimentação ou carga, bem como o tipo de grupo funcional que geram após a decomposição térmica.

Quadro 3: Reacções de cracking térmico mais prováveis para vários tipos de hidrocarbonetos [xxii, xxiii].

hidrocarbonetos [xxii, xxiii].

Tipo de reacções de cracking térmico mais prováveis de ocorrer para compostos vários tipos de hidrocarbonetos
Decomposição, forma outra parafina e uma olefina.

Ceras parafínicas Desidrogenação, obtenção de uma olefina a partir da mesma comprimento da corrente.

A alquilação, a ciclização e a isomerização podem ocorrer a altas temperaturas.

ocorrem a temperaturas elevadas.

Decomposição parcial, formação de outras olefinas, parafinas e dienos.

Desidrogenação, produção de dienos.

Polimerização

Olefinas

Reacções secundárias entre olefinas e dienos, podem gerar olefinas cíclicas.

Isomerização, para a produção de naftenos.

Desidrogenação de naftenos e ciclo-olefinas para a produção de aromáticos.

para a produção de aromáticos.

Desalquilação, perda de cadeias parafínicas Cadeias laterais de naftenos, formando parafinas, olefinas e naftenos desalquilados com ou sem substituições.

Desidrogenação para produção de aromáticos.

1.3.3. Cracking catalítico

As fracções pesadas são desintegradas na presença de um catalisador, uma substância que está presente no sistema em estudo em contacto físico com os reagentes e é capaz de gerar mudanças sem alterar o balanço energético final da reação química [xxiv]. Os catalisadores utilizados neste tipo de cracking modificam a velocidade da reação. Geralmente, na indústria petrolífera, têm como objetivo acelerar os processos de quebra de ligações, mantendo a seletividade das reacções.

Existem três fases básicas no cracking catalítico:

- Reação: a carga reage com o catalisador e decompõe-se em diferentes fluxos.
- Regeneração: o catalisador é reativado pela queima de coque.
- Fracionamento: os hidrocarbonetos fissurados são separados em vários produtos para processos a jusante.

1.4. Processos de craqueamento térmico na refinação

Após a destilação, a maioria dos produtos separados é novamente redestilada para purificação. Os resíduos são fraccionados em vácuo para obter a matéria-prima necessária à produção de óleos lubrificantes, gasóleo, querosene, combustível para aviões a jato, coque de petróleo, asfalto e fuelóleo, entre outros, enquanto outros subprodutos são utilizados como alimento para processos a jusante. No entanto, os processos de destilação raramente produzem produtos com a qualidade e o volume exigidos pelo mercado. Por esta razão, as refinarias modernas utilizam tecnologias de conversão para obter os produtos necessários aos consumidores. Entre estes processos encontram-se os que decompõem moléculas grandes, normalmente presentes nas fracções pesadas, para formar moléculas mais pequenas e de maior aplicação comercial. Os processos de refinação industrial que utilizam o craqueamento térmico para a valorização dos petróleos brutos e das correntes residuais incluem: viscorredução, produção de breus de alcatrão de petróleo e de breus ricos em mesofase, coqueamento fluido, flexicooking e coqueamento retardado [xxv, xxvi].

1.4.1. Viscoredução

Consiste na redução da viscosidade do resíduo, tanto atmosférico como de vácuo, através de reacções de craqueamento térmico de gravidade moderada, com o objetivo de aperfeiçoar a sua utilização como combustível, bem como de aumentar o seu manuseamento e transferência através de condutas.

O processo envolve um mecanismo baseado na rutura de ligações carbono-carbono que permite a libertação de sistemas aromáticos policondensados, produzindo radicais livres que geram reacções em cadeia, responsáveis pela redução considerável das energias de ativação do processo. As reacções de rutura na posição beta em relação ao radical livre geram olefinas e libertam hidrogénio, que posteriormente satura os radicais livres formados [xxvii, xxviii].

O seu principal produto é o fuelóleo, uma mistura de resíduos que necessita de ser diluída com subprodutos mais leves e de maior valor, que podem ser enviados para outros processos de conversão e assim obter um maior valor acrescentado. Um dos seus principais objectivos é reduzir o consumo de diluente que é misturado com o combustível residual para atingir as especificações do produto.

A viscorredução é um dos processos mais simples e económicos utilizados para a redução dos resíduos e o aumento das percentagens de rendimento dos destilados. Atualmente, são conhecidas duas variantes deste processo [xxix].

- Visco-redução com forno, em condições de funcionamento de temperaturas elevadas na gama de 480 - 490 °C e tempos de permanência baixos (1 a 2 minutos).
- Viscosificação por sopro: condições de trabalho na gama de temperaturas de 440 a 460 °C e tempo de reação de 10 a 20 min. Este método centra-se na redução da viscosidade dos líquidos, que pode ser essencial nos processos de fabrico e produção.

A visco-redução "Soaker" caracteriza-se pela utilização de fornos mais pequenos que são menos sensíveis a alterações operacionais, reduzindo os custos de energia.

(30-35%) e aumentar a taxa de reação. O resíduo deste processo é muito instável, sendo normalmente utilizado como matéria-prima para a produção de combustível residual (fuelóleo).

A gama de compostos acabados derivados da viscorredução inclui: Gases leves utilizados em gás de petróleo liquefeito ou como fontes de olefinas para alquilação, gasóleo de vácuo para processos de cracking catalítico, gasolinas ricas em olefinas e gasóleo com elevado teor aromático.

1.4.2. Coqueamento retardado

Processo de conversão térmica baseado na quebra das ligações carbono-carbono e carbono-hidrogénio que constituem as longas cadeias moleculares dos hidrocarbonetos pesados e extra-pesados. Foi originalmente desenvolvido para minimizar o rendimento do combustível residual pesado nas refinarias através da aplicação de um tratamento térmico severo (pirólise), produzindo coque como um dos produtos finais. Para além do coque, são produzidos gás combustível, nafta não estabilizada e outros destilados (gasóleos) utilizados como matéria-prima nos processos de hidrogenodessulfurização.

A química do sistema resume-se a uma reação de craqueamento térmico em três fases, baseada na formação de radicais livres, polimerização e condensação. O forno fornece o calor necessário para gerar o craqueamento, mantendo a reação no tambor de coque. Este processo utiliza geralmente resíduos da destilação em vácuo, alimentação que é aquecida durante um curto período de tempo a mais de 490 °C e bombeada para um dos dois tambores de coque.

No coqueamento retardado [xxx], os tambores de coque funcionam como reactores onde as restantes fases da reação são completadas, produzindo vapores que são libertados do topo e passam para o fundo do fraccionador. O produto intermédio altamente viscoso é retido no reator e é progressivamente transformado num material carbonoso denominado coque. As condições de funcionamento devem ser rigorosamente controladas para minimizar os efeitos indesejáveis, como a formação de coque nos tubos do forno. Do ponto de vista das reacções endotérmicas que ocorrem neste processo, seguem-se três fases principais: vaporização principal e craqueamento relativamente suave no forno, craqueamento dos vapores no tambor e craqueamento com polimerização da massa de coque no tambor.

Para além das reacções de craqueamento, ocorrem reacções laterais entre átomos de carbono e átomos inorgânicos ou heteroátomos (azoto e enxofre), que podem interferir negativamente com os processos de refinação a jusante, por exemplo, envenenando os catalisadores de hidrotratamento.

1.4.3. Coqueamento fluido

Processo contínuo que permite a conversão de hidrocarbonetos pesados em produtos leves com os mesmos níveis de inversão que os obtidos com o coqueamento retardado. Essencialmente, é uma conversão térmica não catalítica através de radicais livres, utilizando como matéria-prima resíduos atmosféricos, resíduos de vácuo e fundos desasfaltados.

Tal como no coqueamento retardado e noutras tecnologias de rejeição de carvão, uma proporção significativa dos contaminantes presentes na alimentação (metais, coque, enxofre, azoto) é depositada no coque.

Alguns valores típicos para a rejeição destes poluentes estão resumidos no Quadro 4. O equipamento principal do processo é um reator de leito fluidizado e um queimador. Uma parte integrante do reator de conversão térmica é o arrefecimento ou a injeção de um produto de lavagem a baixa temperatura no fluxo de saída de vapor do reator, a fim de parar rapidamente a reação de conversão térmica.

Quadro 4: Rejeição de contaminantes [xxxi].

Rejeição de líquidos (% da alimentação)

Alimentação	Enxofre	Nitrogénio	Níquel	Vanádio
Pesado árabe	32	97	95	95
Betume de Cold Lake	34	79	99+	99+
Hondo	24	81	99+	99+

O coqueamento fluido pode ser operado num de dois modos, com reciclagem convencional ou num único passo. No modo de reciclagem, todo o material a temperaturas superiores a 524 °C é convertido em produtos leves e coque. Tipicamente, a alimentação é pré-aquecida a 260 °C e depois enviada para o depurador para ser pré-aquecida com o fluxo de vapor superior do reator. A cuba ou piscina do depurador atinge temperaturas da ordem dos 372 °C através da integração do calor da alimentação mais fria com os gases do produto do reator. Desta forma, os hidrocarbonetos mais pesados no fluxo de produto são condensados e co-misturados com a alimentação que acabará por ser reciclada no reator. Por outro lado, no modo de passagem única, o material a temperaturas superiores a 525 °C é removido do purificador para permanecer como parte do gasóleo pesado. Uma variação do processo é o modo de vácuo integrado "Pipestill", em que o ponto de corte dos vapores reciclados aumenta de 525 °C para 565 °C [vii]. No reator, a gama de temperaturas varia entre 525 e 565 °C, a alimentação de hidrocarbonetos pesados (tanto a alimentação fresca como a mistura de alimentação fresca/reciclagem) é injectada no leito fluidizado de finos de coque através de uma série de injectores localizados em anéis à volta do recipiente. Vários destes anéis estão orientados a vários níveis do recipiente. Por pulverização sobre o leito de coque quente.

A alimentação é termicamente craqueada numa gama completa de produtos mais leves, desde gases a gasóleos, produzindo coque como subproduto. Os vapores de hidrocarbonetos passam através da fase densa e diluída do leito fluidizado para o sistema no topo do reator, que consiste num conjunto de ciclones para a recuperação dos finos de coque, que são devolvidos ao leito denso, e para o depurador do reator. Os finos de coque passam pelos ciclones e são capturados no depurador. Dependendo do modo de funcionamento, estes finos serão reciclados para o reator com a fração de +525 °C, ou será necessário um sistema de remoção alternativo para proteger o equipamento a jusante. O produto flui do depurador para o fraccionador convencional de pressão de gás e para as unidades de recuperação de finos. As instalações de fracionamento convencionais utilizadas para separar produtos líquidos podem incorporar as suas próprias instalações de iluminação ou podem ser integradas noutra unidade de processo.

O coque produzido por reacções de craqueamento térmico é depositado no leito de finos de coque, normalmente em camadas. Para além da alimentação, é introduzido vapor, algum com a alimentação e outro separadamente. Este vapor de alta temperatura proporciona uma remoção adicional dos vapores de hidrocarbonetos e dos finos de coque para maximizar a produção de finos de coque. O vapor introduzido a partir do fundo do reator serve também para fluidificar as partículas de coque. O inventário total de coque é mantido no reator através da remoção do coque de fundo, através da secção amovível, transferindo o excedente para o queimador e fazendo circular o coque quente para o queimador onde o coque líquido é descarregado. O calor necessário para as reacções endotérmicas do processo é fornecido pela recirculação de coque quente do queimador para o reator.

1.4.4. Flexicoquificação

Extensão do processo de coqueamento fluidizado que inclui a gaseificação do coque no esquema. Isto é conseguido através da incorporação de um terceiro recipiente de sólidos fluidos no esquema de fluxo para gaseificar até 97% do coque produzido na unidade, e inclui a dessulfuração do gás de baixo BTU (British Thermal Unit). Embora os resultados líquidos globais sejam comparáveis, a gaseificação do coque produz um gás combustível de baixo BTU, denominado sweet LBG, adequado para utilização na fábrica ou em instalações vizinhas.

Uma vez que a produção de coque é convertida num gás combustível limpo, o flexicooking maximiza o rendimento total de hidrocarbonetos da fábrica, através da substituição de gás de baixo BTU por combustíveis da fábrica. Como uma extensão do coqueamento fluido, os elementos do processo no reator são os mesmos que no reator, incluindo as linhas de transferência de coque frio e coque quente. A nomenclatura da cuba do queimador é alterada para cuba do aquecedor. O gaseificador é o terceiro recipiente que é adicionado ao processo de coqueamento fluido para gaseificar o coque com vapor e ar, produzindo gás de síntese (H_2, CO, CO_2 e inertes). A temperatura de funcionamento do gaseificador é de aproximadamente 925 °C e 980 °C. O gás produzido, juntamente com as partículas arrastadas, é encaminhado através do vaso de aquecimento para fluidização do leito de coque quente e para transferir calor para os sólidos. O equilíbrio térmico do reator é conseguido através da circulação do coque aquecido e do coque gaseificado. O gás é removido do aquecedor através de um sistema de ciclones e o calor adicional é removido através de um trem de geração de vapor. A jusante do sistema de recuperação de calor encontra-se uma terceira fase de ciclone seguida de um depurador Venturi para recuperar as partículas de coque remanescentes. O gás de baixo BTU, ou syngas, é então tratado para a remoção do sulfureto de hidrogénio. Normalmente, uma pequena quantidade de finos de coque (aproximadamente 3%) é recuperada no topo do aquecedor através da purga dos metais do aquecedor e do gerador de gás. Outra fração do coque adicional é removida do aquecedor. Os compostos metálicos presentes nos coques produzidos por este processo são principalmente o níquel e o vanádio [xxxii].

1.4.5. Produção de explosivos de alcatrão de petróleo

Processo de craqueamento térmico moderado de matérias-primas, geralmente cargas altamente aromáticas ou resíduos atmosféricos e de vácuo. Com o objetivo de promover reacções de policondensação que conduzam à produção de breu com propriedades físico-químicas adequadas para utilização como aglutinante de coque de petróleo utilizado na produção de ânodos consumidos na indústria do alumínio como eléctrodos de grafite. Como no caso de outros processos de craqueamento térmico, ocorrem reacções de policondensação, condensação e desidrogenação. As tecnologias de produção de breu de alcatrão de hulha são uma alternativa à utilização de breu de alcatrão de hulha, um produto obtido a partir da pirólise do carvão ou do coque metalúrgico. Nas tecnologias de produção de breu de alcatrão de petróleo, a alimentação é pré-aquecida e depois bombeada para um reator de imersão ou para um tanque agitado com aquecimento progressivo, para ser tratada em condições controladas de pressão e temperatura para promover reacções de condensação e polimerização.

A fração tratada é transferida para uma torre de fracionamento ou destilação onde é separada em gases, destilados leves e uma corrente ou fração de fundo tipicamente referida como base de breu de alcatrão de petróleo. Esta base é sujeita a destilação sob vácuo de modo a concentrar no produto final os compostos poliaromáticos que conferem as propriedades aglutinantes do breu de alcatrão de petróleo. Estas propriedades podem ser melhoradas através da utilização de aditivos como o negro de fumo, o coque finamente dividido (finos de coque), o gasóleo leve ou uma mistura destes [xxxiii]. No processo, a alimentação fresca é adicionada a uma parte da corrente de fundo, que é recirculada (denominada corrente de reciclagem). A quantidade de fluxo de reciclagem adicionada à alimentação fresca permite um controlo da qualidade do piche de petróleo desenvolvido. Além disso, o aquecimento, as reacções do reator e as fases de fracionamento são conduzidas num ambiente isento de oxigénio (o_2), especificamente num ambiente inerte como o árgon, o azoto ou similar. Verificou-se que, ao realizar o processo técnico num ambiente isento de oxigénio, é possível obter um aumento da qualidade e do rendimento do piche de alcatrão de petróleo. A carga ou alimentação, cuja caraterística é uma elevada aromaticidade, é mantida no tanque (A), extraída pela bomba (B) e aquecida num forno (C) a uma temperatura entre 300 e 330 °C, tendo o cuidado de evitar qualquer alteração na composição química. Em seguida, a carga é transferida para um reator cuja temperatura é ajustada entre 370 °C e 460 °C, onde ocorre o craqueamento térmico da carga por um tempo inferior a 60 minutos e pressão de 10 atmosferas absolutas [xxxiv]. Finalmente, os destilados são circulados para a torre de separação (D), enquanto o resíduo é finalmente bombeado para a unidade de destilação (E) onde o produto acabado é obtido.

1.4.6. Produção de Breas Mesofásico

Os piches mesofásicos são materiais com as caraterísticas de um cristal líquido, constituídos por unidades básicas em forma de esfera com uma estrutura semelhante à da grafite, embora a

forma como os planos grafíticos são empilhados seja muito diferente da da grafite. Para obter breu mesofásico e fibras mesofásicas, o material altamente aromático é convertido em breu com caraterísticas adequadas e, em seguida, tratado termicamente a cerca de 400 a 500 °C [xxxv] com diferentes tempos de retenção, consoante o material utilizado para obter o breu mesofásico. Na fase seguinte do processo da fibra de carbono, o breu é fiado numa fibra termoplástica, com as moléculas orientadas ao longo do eixo axial. O material extrudido é então oxidado para produzir uma fibra de breu mesofásico termoendurecível, com ligações cruzadas de oxigénio entre as moléculas que mantêm e bloqueiam a orientação. Finalmente, são submetidas a um processo de tratamento térmico em gás inerte, cuja temperatura pode variar entre 1500 °C e 3000 °C, para produzir fibras de carbono ou de grafite, respetivamente.
A mesofase carbonosa é o resultado da transformação estrutural de um estado líquido, no qual moléculas aromáticas de elevado peso molecular são produzidas por reacções de pirólise para formar um alinhamento paralelo de cristais líquidos anisotrópicos [xxxvi].

1.5. Breas de alcatrão de petróleo (BAP)

Material altamente aromático derivado do petróleo utilizado como aglutinante de agregados sólidos na produção de ânodos para a indústria do alumínio e que substitui o piche de alcatrão de hulha produzido através da pirólise do carvão. As suas caraterísticas incluem: o seu intervalo de ebulição para a obtenção de alcatrão a partir de alcatrão de carvão situa-se entre 450 °C e 500 °C. Além disso, apresentam um amplo intervalo de amolecimento em vez de uma temperatura de fusão definida e a sua proporção de hidrogénio aromático em relação ao hidrogénio total varia entre 0,3 e 0,6. Os átomos de hidrogénio alifáticos são principalmente fornecidos por grupos do tipo alquilo substituídos em anéis aromáticos ou anéis nafténicos [xxxvii].
O processo industrial de obtenção do alumínio baseia-se na redução electrolítica do óxido de alumínio ($Al2O3$) ou da alumina, dissolvidos num banho de criolite (duplo fluoreto de alumínio e sódio) fundido a 1800 °C, ao qual se faz passar uma forte corrente eléctrica. O alumínio metálico é separado da solução química e extraído por meio de um tubo em forma de U invertido, cuja extremidade está imersa num líquido que sobe pelo tubo acima da sua superfície e que escorre pela outra extremidade. Neste banho de criolite, sob o efeito da corrente eléctrica, a alumina é convertida em alumínio na proporção de um quilograma de alumínio por cada dois quilogramas de alumina, com a intervenção de ânodos de carbono.
Este processo de obtenção de alumínio é conhecido como Processo Hall-Heroult, cuja superfície interna da célula é revestida com moléculas de carbono e ferro carbonatado que funciona como cátodo, e no qual os iões de alumínio são reduzidos ao metal livre. A reação que descreve o sistema é mostrada em
continuação:

Cátodo $$4\left[Al^{+3} + 3e^{-} \xrightarrow{Electricidd} Al(l)\right] \quad (8)$$

$$3\left[C(s) + 2O^{-2} \xrightarrow{Electricidad} CO_2(g) + 4e^{-}\right] \quad (9)$$

Reação geral

$$2AlO_3(sol.) + 3C(s) \xrightarrow{Electricidad} Al(sol.) + 3CO_2(g) \quad (10)$$

Os ânodos da equação (9) são tipicamente compostos por 65 % de coque de petróleo, 15 % de breu de alcatrão de hulha e 20 % de capas (resíduos de ânodos cuja origem pode ser: ânodos consumidos no processo de obtenção do alumínio, ânodos verdes ou brutos que não passaram nos processos de cozedura e rodagem ou ânodos cozidos defeituosos). Estes ânodos são progressivamente consumidos na reação 1:2 carbono-alumínio e transformam-se em CO_2 gasoso e alumínio elementar, razão pela qual têm de ser substituídos frequentemente, pelo que esta matéria-prima representa um dos principais custos associados à produção de alumínio. Embora esta reação seja a que rege o processo, existem outras, tais como as seguintes:

$$2Al(sol.) + 3CO_2(g) \longrightarrow Al_2O_3(sol.) + 3CO \qquad (11)$$

Esta reação é responsável pela diminuição da eficiência do fluxo metálico, uma vez que, ao formar-se CO, o consumo total de carbono por unidade de metal produzido aumenta, o que é prejudicial para a economia do processo. Como se pode verificar por estas reacções, o processo de produção de alumínio está intimamente relacionado com a qualidade dos materiais carbonosos (coque e breu) utilizados no fabrico do ânodo e com a afinidade que deve existir entre eles. Assim, um piche de alcatrão fora de especificação pode levar a fracturas do ânodo devido a efeitos de choque térmico, a ânodos muito porosos e pouco densos e, portanto, muito reactivos ao ar e ao CO_2, o que aumenta o consumo líquido de carbono. É de esperar um comportamento semelhante quando se utilizam coques com elevados coeficientes de expansão térmica e elevadas concentrações de catalisadores de oxidação e de reatividade ao CO_2, como o sódio, o níquel e o vanádio. A matéria-prima para a produção de breu de petróleo é um material orgânico altamente aromático (alcatrão), um resíduo sólido negro, altamente viscoso e denso à temperatura ambiente, derivado do craqueamento térmico destes materiais e constituído por uma mistura de numerosos hidrocarbonetos predominantemente aromáticos e alquil substituídos. É de valor económico relativamente baixo, no entanto, são precursores de produtos de elevado valor comercial, como o carbono avançado e materiais de fibra de carbono ou grafite. As condições deste processo e as caraterísticas do precursor determinarão as propriedades do material de carbono resultante.

Os breus de alcatrão de petróleo podem ser obtidos a partir de várias fontes, nomeadamente: do fundo da torre atmosférica e de vácuo, em processos de cracking catalítico, de breu de steam-cracking, como subproduto do tratamento da nafta, ou de qualquer outro resíduo de refinaria; no entanto, a maior parte é produzida atualmente como subproduto do coque produzido pela indústria. Diversos estudos realizados pela PDVSA demonstraram a viabilidade técnica e económica da substituição do alcatrão de hulha ou dos breus de alcatrão de hulha por breus de alcatrão de petróleo, bem como a sua importância em termos de impacto ambiental, uma vez que demonstraram menores emissões de hidrocarbonetos poliaromáticos (HAP) durante o processo de fabrico de ânodos.

O coque de petróleo é um material sólido obtido como subproduto de reacções de craqueamento térmico de elevada severidade ou de processos de carbonização. É um sólido infusível e geralmente anisotrópico (dependente da direção). Pode ser obtido a partir de hidrocarbonetos com baixo teor de resina e asfaltenos parcial ou totalmente aromáticos ou heterocíclicos, derivados do petróleo ou da hulha. Dada a sua porosidade e a sua cor negra a cinzenta brilhante, é indistinguível à primeira vista do coque obtido a partir do carvão, especialmente no caso do coque retardado. As caraterísticas dos alcatrões e breus dependem do tipo de material utilizado, das condições de funcionamento dos fornos de produção, das temperaturas de funcionamento, do tempo de reação e do método de carga, tendo este último uma grande influência na qualidade destes produtos [xxxviii]. No âmbito das especificações dos breus de alcatrão de petróleo como matéria-prima (aglutinante) na produção de ânodos de carbono para a indústria do alumínio, apresenta-se a Tabela 5.

Tabela 5. Especificações dos breus de alcatrão de petróleo.

Imóveis	Gama de especificações
Ponto de amolecimento, °C	125,0-130,0
Viscosidade a 160 °C, cP	<10000,0
Valor de coquefacção, % w/w	>48,0
Insolúvel em tolueno; % w/w	>9,0
Quinolina insolúvel; % w/w	0,6
Densidade, Kg/dm^3	1,2

1.5.1 Química

A composição dos breus de alcatrão de petróleo varia consideravelmente em função das caraterísticas do material de enchimento utilizado para a sua produção, bem como do tempo de reação e do tratamento térmico aplicado. A partir destas considerações, pode afirmar-se que os breus são geralmente constituídos por uma mistura de hidrocarbonetos de composição química complexa, mas os seus constituintes pertencem a algumas classes de famílias de compostos. Apesar da diversidade dos seus constituintes, este facto é compensado pela semelhança das suas famílias [xxxix]. De entre os tipos de famílias de compostos químicos presentes neste tipo de material, podem referir-se os hidrocarbonetos aromáticos policíclicos (alquil substituídos, com o grupo ciclopentadieno, parcialmente hidrogenados, heterosubstituídos, com grupos carbonilo, entre outros), os oligoarilos e ologoarilmetanos, os compostos heteroaromáticos policíclicos (benzólogos pirrol, furano, tiofeno e piridina).

Os hidrocarbonetos aromáticos policíclicos (HAP) são o grupo de compostos mais abundante nos campos. Dependendo da sua estrutura, podem ser classificados em cata-condensados e peri-condensados. Os cata-condensados têm átomos de carbono terciários comuns a, no máximo, dois anéis aromáticos, enquanto que nos peri-condensados, alguns átomos de carbono terciários pertencem a três unidades aromáticas. A diferente tipologia destas duas classes de compostos poliaromáticos afecta o seu comportamento, por exemplo, a sua reatividade térmica.

Utilizando técnicas como a extrografia e a espetroscopia de massa por dessorção a laser, foram encontradas espécies moleculares de elevado peso, desde 595 Daltons até cerca de 12000 Daltons. Além disso, por massas de Tanden, foi demonstrado que os diarilmetanos parcialmente alquilados são estruturas típicas que aparecem na gama de peso molecular médio dos piches de alcatrão de petróleo [xl]. Da mesma forma, por cromatografia de permeação em gel (GPC), utilizando quinolina como solvente, foram encontrados resultados para pesos moleculares na gama de 450 a 2000 Daltons. Estima-se que a porção heterocíclica dos compostos de elevado peso molecular do breu represente 10-15 % do peso relativo do breu. A sua relação entre o hidrogénio aromático e o hidrogénio total varia entre 0,3 e 0,6 [xli].

Quando se comparam os breus de alcatrão de petróleo com os breus de alcatrão de carvão (que são o resultado da destilação ou pirólise do carvão), a distribuição do peso molecular é mais ampla e as massas médias são mais elevadas, o teor de compostos heterocíclicos é mais baixo, particularmente no que se refere aos heterociclos contendo azoto.

1.5.2. Caracterização

São tradicionalmente caracterizados através de três métodos, que devem ser combinados para obter uma representação o mais exacta possível. Estes métodos são dados pelas propriedades físicas, pelas caraterísticas estruturais e pela análise individual dos componentes do piche. A caraterização por propriedades físicas envolve técnicas como:

- Ponto de amolecimento: um ensaio definido como a temperatura à qual o alcatrão passa de um sólido quebradiço a um líquido viscoso [xlii] .Esta definição é imprecisa, uma vez que não existe uma quantificação exacta do líquido viscoso, mas este conceito é utilizado porque os piche, quando aquecidos, se comportam como materiais vítreos, pelo que não sofrem a clássica transição de fase sólido-líquido à medida que são aquecidos, mas passam por uma região de transição vítrea antes de formarem um líquido viscoso [xliii], evitando assim ter um ponto de fusão estabelecido. Esta técnica é geralmente a mais utilizada como especificação para os piche, uma vez que é relativamente fácil de executar, e é também uma indicação valiosa de outras propriedades, como o índice de coqueificação, o teor de insolúveis e a densidade, que dependem diretamente dela [i].
- Valor de coque (resíduo de carvão): Tal como descrito na química do piche de alcatrão de petróleo, trata-se de misturas de uma grande variedade de compostos que diferem nas suas propriedades físicas e químicas. Uma pequena porção destes compostos pode ser vaporizada na ausência de ar à pressão atmosférica sem deixar um resíduo apreciável. Outros compostos não voláteis deixam um resíduo carbonoso quando se efectua uma destilação destrutiva. Este resíduo deixado para trás é chamado resíduo de carbono e representa uma propriedade chave na determinação da transferência de componentes pesados para produtos em processos de destilação atmosférica e de vácuo, e na previsão dos rendimentos e qualidades dos processos de conversão térmica. Este valor está intimamente ligado ao grau API e ao teor asfáltico do filler ou do produto, bem como à aromaticidade do breu e às suas propriedades aglutinantes.
- Conteúdo de material insolúvel: materiais insolúveis em certos solventes, que estão presentes no piche e não podem ser separados por destilação. Podem ser divididos em dois grupos: os insolúveis em tolueno e os insolúveis em quinolina. Os hidrocarbonetos insolúveis em tolueno são o grupo de hidrocarbonetos que melhoram significativamente a capacidade de ligação dos piches, uma vez que, devido à sua viscosidade média, estes compostos têm a capacidade de penetrar na mistura de coque e manter as partículas de coque de petróleo unidas a nível intramolecular. Por sua vez, estes materiais têm uma grande influência na viscosidade, uma vez que quanto maior for a concentração, mais constante se mantém a viscosidade com o aumento da temperatura.

As insolúveis de quinolina são partículas que consistem em conjuntos de esferas com dimensões que variam entre $1X10^{-6}$ e $4x10^{-6}$ metros [xxx]. É esta dimensão que permite preencher os espaços intramoleculares da mistura e deslocar o ar aí retido, afectando propriedades importantes do elétrodo, como a resistência eléctrica e a densidade. É importante notar que, nos breus de alcatrão de petróleo, estas insolúveis não estão presentes, pelo que, para compensar estas propriedades, é necessário aumentar outras propriedades, principalmente o resíduo de carbono. A falta de insolúveis de quinoleína resulta num efeito prejudicial na qualidade de ligação do agregado de coque.

- Densidade: é definida como a massa por unidade de volume de um material. A densidade relativa pode ser definida como a relação entre a massa de um determinado volume de um material e a massa do mesmo volume de água à mesma temperatura. Uma baixa densidade no piche de alcatrão de petróleo também resulta numa baixa densidade no ânodo, maior porosidade e maior consumo de carbono na célula de redução de alumínio.
- Viscosidade: Medição da resistência de um líquido a fluir sob pressão, gerada por uma fonte mecânica. Baseia-se na medição do tempo necessário para que um volume fixo de líquido flua sob gravidade através de um tubo capilar de vidro calibrado, em condições

normais e a uma temperatura fixa. O comportamento de líquidos não newtonianos cuja viscosidade varia com o gradiente de tensão que lhe é aplicado (consequentemente, um fluido não newtoniano não tem um valor de viscosidade definido e constante, ao contrário de um fluido newtoniano) pode ser determinado utilizando vários viscosímetros rotativos, principalmente viscosímetros de plano cónico.

Nos campos, a viscosidade aplicada é a viscosidade rotacional, que influencia o comportamento do ligante no processo de preparação do ânodo e a distribuição da viscosidade no molde [xliv]. Uma viscosidade rotacional baixa afecta a porosidade global do ânodo e aumenta o consumo de carbono na célula. Uma viscosidade elevada aumenta a possibilidade de formação de mosaicos, afectando o rearranjo molecular (formação de mesofases) e, consequentemente, a estrutura molecular do coque. O tamanho e a forma da textura ótica determinam propriedades como a resistência mecânica, a reatividade e a resistência térmica [xlv]. Uma viscosidade mais baixa permitirá a utilização de temperaturas de mistura semelhantes ou inferiores às utilizadas para a produção de ânodos, resultando em poupanças de energia.

Relativamente à caraterização das caraterísticas estruturais dos alcatrões, as técnicas envolvidas que se destacam são:

- Por destilação simulada entende-se o conjunto de métodos que utilizam a técnica de cromatografia gasosa para a determinação da gama e distribuição dos pontos de ebulição dos hidrocarbonetos entre -45 e 750 °C. Os métodos de destilação simulada baseiam-se na separação cromatográfica dos hidrocarbonetos pela ordem dos seus pontos de ebulição, quando se utiliza uma coluna empacotada ou impregnada com uma fase líquida não polar e se executa um programa linear da temperatura do forno, permitindo obter a percentagem em peso do produto existente na gama de temperaturas do forno [xlvi]. Por outro lado, este tipo de cromatografia é utilizado de uma forma diferente da convencional, que seria conseguir uma separação óptima dos componentes da mistura, uma vez que as condições de trabalho são selecionadas para obter a separação com uma resolução e eficiência limitadas [xlvii]. Para este efeito, é utilizada uma calibração com n-parafinas de ponto de ebulição conhecido. A resolução dos componentes de hidrocarbonetos é a média dos pontos de ebulição da mistura e é medida pelo Detetor de Ionização por Chama (FID). O FID oferece uma elevada sensibilidade para os hidrocarbonetos, especialmente para os hidrocarbonetos de ponto de ebulição elevado, e uma baixa sensibilidade para o CS_2, razão pela qual é utilizado como solvente na preparação das amostras [xlviii], [xlix].

- Determinação da Massa Molecular Relativa (Peso Molecular): uma constante física fundamental que pode ser utilizada em conjunto com outras propriedades físicas para caraterizar hidrocarbonetos puros e as suas misturas. O método comummente utilizado para determinar o valor da massa molecular média em piche é a Osmometria à Pressão de Vapor (O.P.V.). Esta técnica baseia-se na determinação da massa molecular média numérica (Mn) de um composto, que é dada pela equação:

$$M_n = (\sum_i N_i M_i / \sum_i N_i) \qquad (12)$$

Onde, Ni = número de moles ou moléculas com massa molecular Mi.

A pressão de vapor, o ponto de ebulição e a pressão osmótica são propriedades coligativas de uma solução, que variam linearmente em função da concentração de partículas de soluto. Quando comparadas com um solvente puro, estas propriedades serão afectadas proporcionalmente ao número de partículas de soluto dissolvidas num quilograma de solvente. Por conseguinte, a medição da alteração de uma das propriedades dará indiretamente o valor da concentração da solução ou osmolalidade [l].

A osmolalidade é a concentração total de partículas dissolvidas numa solução, independentemente de propriedades como o tamanho, a densidade, a configuração ou a carga eléctrica das partículas. A medição da osmolalidade baseia-se no facto de a adição de partículas de soluto a um solvente alterar a energia livre das moléculas do solvente, transformando as suas propriedades coligativas. Quando comparada com o solvente puro, a pressão de vapor e o ponto de congelação de uma solução são menores em magnitude, enquanto o seu ponto de ebulição é maior, desde que apenas um solvente esteja presente na solução. Assim, as alterações relativas nas propriedades da solução estão linearmente relacionadas com o número de partículas adicionadas ao solvente, mas não necessariamente relacionadas com o peso do soluto, uma vez que as moléculas de soluto podem dissociar-se em dois ou mais componentes iónicos.

- Determinação das fracções de Saturados, Aromáticos, Resinas e Asfaltenos (S.A.R.A): como a composição do óleo é complexa e tem inúmeros componentes, esta análise permite verificar e comparar a sua composição, separando-a em quatro famílias de compostos: Saturados, Aromáticos, Resinas e Asfaltenos, chamados de fragmentos SARA. Isto é determinado pela técnica de Cromatografia Líquida de Alta Eficiência (HPLC), que consiste na determinação quantitativa e na separação dos componentes saturados, resinas, aromáticos e asfaltenos dos petróleos brutos não voláteis, utilizando uma Cromatografia Líquida de Alta Eficiência (HPLC). A cromatografia líquida "clássica" é efectuada numa coluna, geralmente de vidro, com uma fase estacionária. Depois de semear a amostra no topo, a fase móvel é levada a fluir através da coluna por gravidade. Para aumentar a eficiência das separações, o tamanho das partículas da fase estacionária é reduzido até ao tamanho de mícron, o que gerou a necessidade de utilizar pressões elevadas para conseguir o fluxo da fase móvel. Assim, surgiu a técnica de cromatografia líquida de alta eficiência, que requer instrumentação especial para trabalhar com as altas pressões necessárias [li].

Finalmente, na caraterização dos alcatrões, é apresentada a análise individual dos componentes, com base na determinação qualitativa e quantitativa:

- Determinação de Carbono (C) e Hidrogénio (H): a identificação destes elementos em compostos orgânicos baseia-se na análise cromatográfica dos gases que se desprendem da amostra após ser submetida a altas temperaturas numa atmosfera de oxigénio purificado, onde ocorre um processo de combustão que gera dióxido de carbono e vapor de água, entre outros, que são isolados para a respectiva determinação quantitativa. Os valores obtidos representam a percentagem de carbono e hidrogénio. Este método é aplicável a amostras de óleo a partir das quais se efectua a determinação simultânea destes dois elementos. Esta análise é útil para determinar a natureza complexa dos tipos de amostras a tratar, os resultados obtidos ajudam a estimar o potencial de processamento, refinação e produção na indústria petroquímica [lii].
- Determinação do azoto: a quimiluminescência permite a sua quantificação. Baseia-se no espetro de emissão de uma espécie excitada formada no decurso de uma reação química em alguns casos específicos, em que as partículas excitadas são o produto da reação entre uma substância a analisar e um reagente adequado, geralmente um oxidante forte como o ozono, resultando num espetro de emissão caraterístico do produto de oxidação da substância a analisar ou do reagente em vez do espetro da própria substância a analisar, o sinal resultante é uma medida direta, fiável e precisa do teor de azoto da amostra [liii].
- Determinação do enxofre: o método utilizado é a fluorescência de raios X. Consiste na

absorção de raios X por um átomo da amostra e na sua posterior ejeção de electrões de base ou de valência. Este método fornece informações sobre os elementos presentes no extrato analisado, bem como sobre as energias de ligação dos electrões ejectados e as alterações relativas a essas energias [liv].

A intensidade de fundo medida num comprimento de onda recomendado (5 190 Å) é subtraída da intensidade máxima. A diferença entre os dois sinais é proporcional ao teor de enxofre da amostra. Este resultado é comparado com uma curva de calibração previamente preparada, para obter, através de uma equação, a concentração total de enxofre em percentagem (%) [lv].

- Determinação de metais: é realizada através da técnica de espetroscopia de emissão atómica, que se baseia na deteção e quantificação da luz emitida por um átomo, molécula ou ião, que foi submetido a um processo prévio de excitação numa corrente de gás ionizado a alta temperatura (plasma).

Quando um conjunto de átomos é submetido a temperaturas muito elevadas, um grande número destes átomos é excitado e emite luz quando regressa de um nível excitado para um nível de energia inferior, sendo a intensidade da luz emitida proporcional à população total de átomos no estado excitado de maior energia.

1.5.3 Estrutura molecular média

Muitas das principais propriedades dos piches, em particular as reológicas, bem como o comportamento termoquímico, dependem basicamente do peso molecular médio e da distribuição destes em todos os componentes, o que implica que as suas caraterísticas estruturais estão diretamente relacionadas com o comportamento físico e químico. Apresentam-se, de seguida, algumas estruturas moleculares médias típicas de breus de alcatrão de petróleo BAP reportadas na literatura (Figura 3):

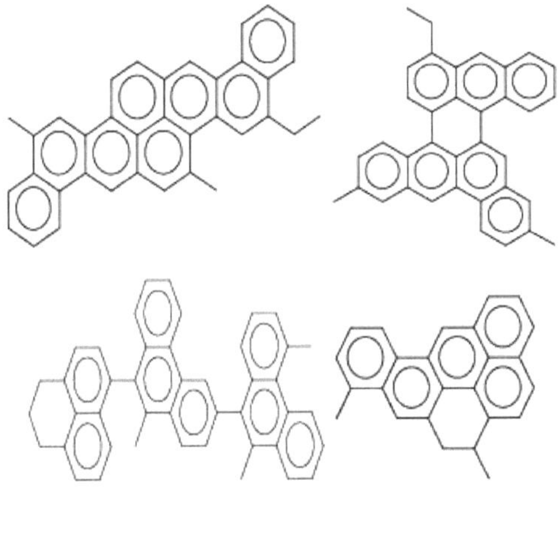

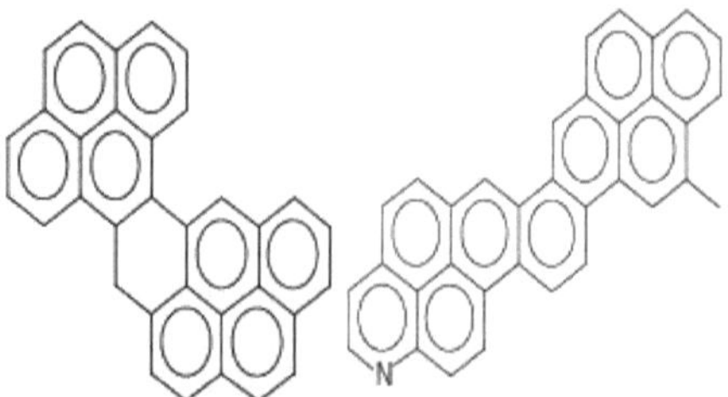

Figura 3: Estruturas moleculares médias dos piches de alcatrão de petróleo [lvi, lvii].

Como se pode observar, as estruturas apresentadas são geralmente moléculas cuja massa varia entre 600 e 12000 Dalton, com um conteúdo mínimo de heteroátomos, para além de possuírem estruturas nafténicas e cadeias alifáticas que não excedem os dois carbonos. São constituídos por núcleos aromáticos de 5 a 9 anéis ligados entre si por pontes alifáticas e/ou nafténicas, distribuídos em arranjos peri e cat-condensados na mesma molécula média, com uma elevada preferência pelas estruturas cat-condensadas.

1.6. Óleos de gás de vácuo

No início do século XX, a fração recolhida a temperaturas entre 200 °C e 400 °C, que era utilizada para produzir gás de cidade para iluminação, era designada por gasóleo de vácuo. Atualmente, esta designação é utilizada para as fracções petrolíferas intermédias (mais pesadas do que a nafta e mais leves do que os combustíveis), obtidas no processo de destilação de vácuo, geralmente utilizadas como matéria-prima para processos secundários, como o craqueamento térmico, para obter e produzir gás de petróleo liquefeito (GPL), gasolina e outros derivados.

Dentro de certos limites, pode ser utilizado como combustível para motores diesel ou como diluente de outros fuelóleos [lviii]. Dependendo da natureza do petróleo bruto, os gasóleos de vácuo têm diferentes percentagens de saturados, aromáticos, resinas e asfaltenos, estes últimos em proporções muito pequenas, normalmente vestigiais. A separação ocorre no interior de uma coluna de vácuo, obtendo-se no topo da unidade uma fração com uma gama de temperaturas de ebulição entre aproximadamente 350 °C e 500 °C, livre dos componentes mais pesados que permanecem na fração denominada resíduo [lix].

1.6.1. Química

Os gasóleos de vácuo são uma mistura de numerosos hidrocarbonetos saturados, aromáticos, resinas, asfaltenos e compostos heterocíclicos que podem conter metais. Cerca de 92 a 97% do peso dos gasóleos de vácuo é constituído por carbono e hidrogénio, o que se designa por hidrocarboneto. A parte restante é constituída por dois tipos de átomos: metálicos e diatómicos. As moléculas diatómicas, como o oxigénio, o azoto ou o enxofre, substituem frequentemente os átomos de carbono nas estruturas moleculares médias destas fracções. Estas caraterísticas definem muitas das propriedades químicas e físicas dos gasóleos. O tipo e a quantidade de moléculas diatómicas presentes no gasóleo de vácuo devem-se principalmente à natureza do petróleo bruto ou do resíduo a partir do qual foi obtido. Moléculas como o enxofre reagem mais facilmente do que o carbono e o hidrogénio para incorporar o oxigénio. A oxidação é a parte principal, no âmbito do processo de envelhecimento, da evaporação ou volatilização e da degradação associada à fotodegradação pela luz. Por outro lado, os átomos metálicos como o níquel e o vanádio estão presentes apenas ligeiramente, cerca de 1 a 2%. As estruturas moleculares destas fracções são complexas, variando em tamanho e tipo de ligação química com cada fonte ou mistura. Existem três tipos básicos de moléculas: cíclicas, acíclicas e aromáticas. As moléculas acíclicas ou parafínicas são lineares, tridimensionais, semelhantes a cadeias e de natureza gordurosa. As cíclicas, ou nafténicas, são anéis de carbono saturados tridimensionais. Os aromáticos são anéis de carbono planos e estáveis que se aglomeram facilmente e têm um odor forte. Todos estes tipos de moléculas interagem para modificar o comportamento, as caraterísticas individuais e as especificações físico-químicas dos gasóleos de vácuo [v].

1.6.2. Caracterização

Isto é feito através de propriedades físicas, caraterísticas estruturais e análise individual dos seus componentes. As análises incluem: Valor de Coque (Resíduo de Carbono), Densidade (Graus API), Destilação Simulada, Determinação da Massa Molecular Relativa (Peso Molecular), Determinação das Fracções S.A.R.A., Determinação de Carbono (C) e Hidrogénio (H), Determinação de Azoto (N), Determinação de Enxofre (S), Determinação de Metais. Estas propriedades foram explicadas na secção sobre a caraterização do breu, com exceção de uma nova análise das caraterísticas estruturais, denominada análise aromática discriminada (cromatografia gasosa).

1.6.3. Estrutura molecular média

A relação estrutural e a conformação dos gasóleos de vácuo são muito complexas e dependem diretamente do tipo de petróleo bruto de que provém. Para a sua elucidação, deve partir-se do princípio de que se trata de estruturas que podem ser aproximadas pelos resultados das diferentes análises qualitativas e quantitativas. Em média

Apresentam cadeias alifáticas com mais de 5 carbonos, átomos de enxofre intramoleculares do tipo tiofeno, um maior número de estruturas nafténicas do que os piches e são moléculas mais flexíveis, para além de serem precursores destes últimos. Apresentam estruturas mono-, di-, tri- e tetra-aromáticas, o que torna pouco frequente a existência de estruturas peri-condensadas. Algumas destas estruturas moleculares médias serão apresentadas de seguida (Figuras 4 e 5):

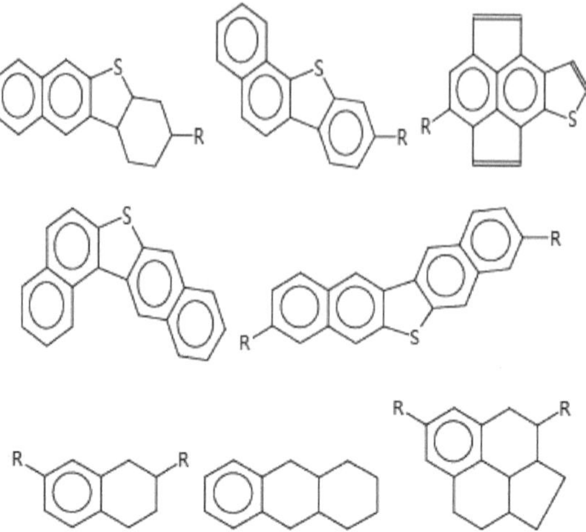

Figura 4. Estruturas moleculares médias de GOV saturados, mono-aromáticos e poliaromáticos
poliaromático GOV [lx].

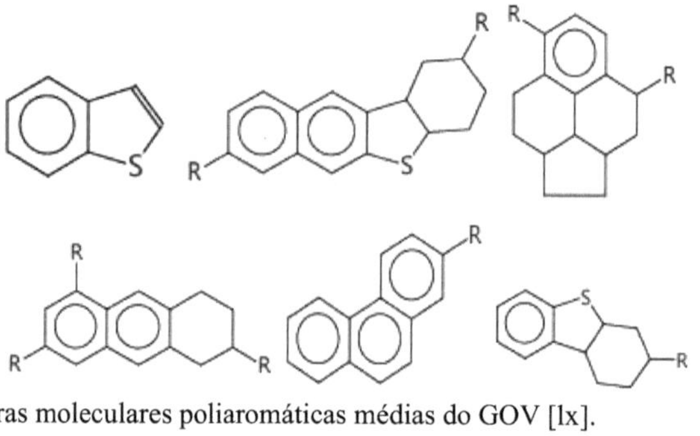

Figura 5. Estruturas moleculares poliaromáticas médias do GOV [lx].

1.7. Fundamentos Teóricos para o Estabelecimento do Modelo Termodinâmico para a Conversão de Gasóleo de Vácuo em Breu de Alcatrão de Petróleo

1.7.1. Energia livre de Gibbs Padrão de formação Padrão e Entropia

Para uma reação química, a energia livre de Gibbs é a variação da energia livre G resultante da conversão dos números estequiométricos de moles em produtos dos reagentes puros e separados, cada um no seu estado padrão T. Assim, temos que:

$$\Delta G_T^{\circ} = \sum_i v_i G_{m,T,i}^{\circ} \qquad (13)$$

◦Se a reação for a formação de uma substância a partir dos seus elementos nas suas formas de referência, ΔG_T é a energia de Gibbs padrão de formação e Δ / G_T da substância. Uma vez que a formação de um elemento a partir de si próprio não envolve qualquer transformação, a energia de Gibbs padrão de formação da substância será zero. Assim, no sentido físico, a variação de ΔG só é aplicável a processos com ΔT=0, o que leva a:

$$\Delta_f G_T^{\circ} = \sum_i v_i \Delta_f G_{T,i}^{\circ} \qquad (14)$$

◦ Para obter os valores de Δ/G a partir de *G=H-TS,* estabelece-se que, para um processo isotérmico, ΔG=ΔH-TΔS. Então, se o processo for para a reação de formação de uma substância i, a variação da energia livre de Gibbs será dada por:

$$\Delta_f G_{T,i}^{\circ} = \Delta_f H_{T,i}^{\circ} - T\Delta_f S_{T,i}^{\circ} \qquad (15)$$

Onde:

Δ_{fSTi} = Calculado a partir dos valores tabelados das entropias $S°_{mT}$ da substância *i* e dos seus elementos.

Δ_{fHTi} = É tabelado

◦ Uma vez conhecidos estes valores, são introduzidos na equação que permite tabular a variação da energia livre de Gibbs padrão de formação $\Delta_f G$ [lxi]. A Tabela 6 resume a tendência da energia livre de Gibbs em função do tipo de reação e da orientação:

Tabela 6: Tendência da energia livre de Gibbs em função do tipo de reação e do deslocamento do equilíbrio químico da reação.

e deslocamento do equilíbrio químico da reação.

ΔG	*Tipo de reação*	*Deslocação do equilíbrio químico*
-	Exotérmico	^ Reagentes Produtos
0	Equilíbrio	Reagentes = Produtos
+	Endotérmico	^ Reagentes Produtos

A Tabela 7 mostra a tendência dos parâmetros termodinâmicos em função da espontaneidade da reação.

Tabela 7: Tendência dos parâmetros termodinâmicos em função da espontaneidade da reação.

espontaneidade da reação.

ΔH	ΔS	ΔG	Resultado
+	+	+	Não espontânea a baixa temperatura
+	+	-	Espontânea a alta temperatura
-	-	+	Não espontâneo a alta temperatura
-	-	-	Espontânea a baixa temperatura
+	-	+	Não espontâneo a qualquer temperatura
-	+	-	Espontânea a qualquer temperatura

Ao discutir estes processos, verificamos que:

- Nos processos irreversíveis (espontâneos), AG < 0 representa uma tendência para o estado final e, numa reação química, indica que a formação de produtos é favorecida. Inversamente, um valor de AG > 0 representa uma tendência espontânea para os reagentes se transformarem em produtos.
- Nos processos reversíveis (de equilíbrio) AG = 0; representa a condição de um sistema estável em que a tendência entre os dois estados é a mesma e uma reação química indica que foi atingido um estado em que os reagentes e os produtos estão em equilíbrio químico.

Uma vez que, para uma dada reação, é possível calcular o valor de AH e AS, então o valor de AG será dado pelos valores destes parâmetros.

1.7.2. Constante de Equilíbrio Normal

$0 \leftrightarrow \sum_i v_i A_i$ $\sum_i v_i \mu_{i,eq} = 0$, $\mu_{i,eq}$ Dada uma reação química com coeficientes estequiométricos vi, a condição de equilíbrio químico estabelecida é onde é o potencial químico de equilíbrio ou energia de Gibbs molar parcial da espécie *i* . μ_i Escolhendo um estado normal para cada espécie *i* para obter uma expressão adequada para (potencial de estado químico de uma substância *i*), a atividade ai de *i* pode ser definida como:

$$a_i \equiv e^{(\mu^i - \mu^{i\circ})/RT} \quad (16)$$

Onde:

a_i = atividade dependente da escolha do estado normal

= μ_i Potencial químico de i na mistura reactiva

° μ = Potencial químico normal ou padrão

Sabendo que a atividade a_i da substância em qualquer solução, ideal ou não, é dada por

$$a_i = \exp[(\mu_i - \mu_i^\circ)/RT] \quad (17)$$

Tomando os logaritmos da equação (17), temos

$$\mu_i = \mu_i^\circ + RT \ln a_i \quad (18)$$

$\sum_i v_i \mu_{i,eq} = 0$ en (18), Substituindo a condição de equilíbrio, obtém-se

$$\sum_i v_i \mu_i^\circ + RT \sum_i v_i \ln a_{i,eq} = 0 \quad (19)$$

Onde:

$a_{i,eq}$ = Valor de equilíbrio da atividade a_i

$\sum_i v_i \mu_i^\circ$ = Aumento ou variação da energia de Gibbs normal AG◦

Ter de:

$$\sum_i v_i \ln a_{i,eq} = \sum_i \ln(a_{i,eq})^{v_i} = \ln \prod_i (a_{i,eq})^{v_i} \quad (20)$$

A equação (20) passa a ser:

$$\Delta G^\circ + RT \ln \prod_i (a_{i,eq})^{v_i} = 0 \quad (21)$$

Definindo k° constante de equilíbrio como o produto desta última equação (21), dizemos que:

$$\Delta G^\circ = -RT \ln K^\circ \quad (22)$$

$$\Delta G^\circ \equiv \sum_i v_i \mu_i^\circ \quad (23)$$

$$k^\circ \equiv \prod_i (a_{i,eq})^{v_i} \quad (24)$$

$\prod_i (a_i)^{v_i}$ Da equação (22), o valor da situação de equilíbrio só é atingido quando as

actividades são tais que igualam a constante de
$^{\circ}$equilíbrio k .

CAPÍTULO 2

METODOLOGIA PARA A PRODUÇÃO DE BREA

Este capítulo apresenta uma metodologia de obtenção da base de breu de alcatrão de petróleo, as técnicas de caraterização e de realização de experiências, bem como o funcionamento dos instrumentos e equipamentos.

2.1. Materiais e reagentes

A separação, conversão e caraterização dos produtos de reação foram realizadas nos laboratórios da Gerência Técnica de Resíduos e Crudes Pesados e Extrapesados, bem como na Gerência Geral de Laboratórios, ambos localizados na PDVSA, que dispõem de infra-estruturas e equipamentos necessários para a destilação em vácuo e o craqueamento térmico de diferentes fracções petrolíferas. A amostra utilizada é um produto aromático produzido a partir da tecnologia da PDVSA, cujos fundos de destilação em vácuo têm propriedades adequadas para a produção de breu de alcatrão de petróleo (BAP). O gás inerte de pressurização utilizado durante as reacções de craqueamento térmico foi engarrafado com azoto pela BOC Gases de Venezuela, C.A.

2.2. Equipamento

Foi utilizado o equipamento descrito abaixo:

- Aparelho de destilação em vidro borossilicato de alta temperatura, marca HS Matrin Inc., constituído por um balão com poço termométrico, camisas de aquecimento, um condensador superior ao qual está ligada a linha de vácuo, um separador de arrastamento, um condensador secundário contendo uma cabeça de arrefecimento, uma linha principal de resumo, um recetor de produto. Ligado à secção da cabeça de arrefecimento encontra-se o sensor de vapor (manómetro) e o sensor de temperatura (registador). As peças estão ligadas por juntas de vácuo para facilitar a manutenção. A bomba de vácuo, o registador de temperatura e a manta de aquecimento descritos abaixo estão também ligados à unidade de destilação:
- Bomba de vácuo AEG tipo AMEB modelo 71PY4R3N, 0,2 KW, 110 volts, 1700 l/min. O valor máximo de despressurização é de 1 mmHg.
- Registador de temperatura Omega modelo Termotrol 2000, operando numa gama de temperaturas (0 - 999) °C com 10 canais, com contactos feitos de prata. As linhas de medição são feitas de cobre.
- Manto de aquecimento eletromagnético Modelo EM 2000/c MK1, 500 W, T Max 450 °C 110 Volt, 50-60 Hz.
- Reator tipo batelada sem agitação fabricado na PDVSA, com capacidade de 100 mL, fabricado em aço inoxidável tipo 316, que suporta até 3000 psig e 500 °C. Para os testes realizados, o equipamento foi equipado com um cilindro WHITEY modelo 12Ek079 300 cc em aço inoxidável 1500 psig, uma válvula reguladora de pressão Tescom Industrial Controls modelo 26-1765-25 com capacidade máxima de 1500 psig calibrada de acordo com o limite de pressão estabelecido para o reator, duas válvulas de fechamento rápido Nutro Company modelo SS-454T e duas válvulas agulha WHITEY modelo SS-D55/V54.
- Forno de banho de areia fluidizada da marca Tecam®, modelo SBL-2D com controlador de temperatura da marca Tecam®, modelo TC4D.
- Registador de temperatura (termómetro de termopar de tipo K), marca Omega, Engineering Inc, modelo 650, gama de temperaturas de trabalho de 10 canais (0 - 999) °C,

erro associado ± 1°C.

- Coletor de gás, capacidade 500 mL, feito de vidro (borossilicato).

2.3. Instrumentos

- Mettler Toledo, modelo SB32001 Delta Range, (132100) g, erro associado ± 1 g. 2. Mettler Toledo, modelo PB3000-S Delta Range, gama de trabalho entre (0,5- 3100,0) g, erro associado ± 0,1 g.
- Manómetro manual de mercúrio do tipo "U", de vidro, da Petróleos de Venezuela S.A., gama de trabalho de 0,1 a 5,0 mmHg, leitura de 0,1 mmHg.
- Termopar de tipo K: Consiste em dois fios de metais diferentes, um positivo (+) de ferro e um negativo (-) de uma liga de cobre-níquel. Estes fios são soldados numa das extremidades e terminam num pino. A gama de medição é de (-210 a 1200) °C.

2.4. Obtenção de G.O.V. a partir da destilação em vácuo de uma amostra comercial de um produto aromático

Foi efectuada a uma temperatura de cisalhamento tal que as condições de ponto de amolecimento e viscosidade para um piche de alcatrão de petróleo de grau anódico foram alcançadas. Para estabelecer estas condições, foram efectuadas destilações em intervalos entre 460 °C e 510 °C, o que é conhecido como a temperatura atmosférica equivalente (TAE) e é o ponto de partida para o cálculo da temperatura Ttope do sistema a uma determinada pressão de funcionamento. O cálculo da Ttope baseou-se nas seguintes correlações:

$$A = \frac{6{,}761559 - 0{,}987672\log_{10} P}{3000{,}538 - 43{,}00\log_{10} P} \qquad (26)$$

Para uma pressão inferior a 2 mmHg:

$$A = \frac{5{,}994295 - 0{,}972546\log_{10} P}{2663{,}129 - 95{,}76\log_{10} P} \qquad (27)$$

Para uma pressão igual ou superior a 2 mmHg:

$$TAE = \frac{748{,}1A}{[1/(T + 273{,}1] + 0{,}3861A - 0{,}00051606} - 273{,}1 \qquad (28)$$

em que A= constante sem dimensão; em que:

Onde:

P= pressão de funcionamento em mmHg.

T= temperatura do tampão observada no termopar, em centígrados (°C).

TAE= temperatura atmosférica equivalente em graus Celsius (°C). A TAE é a temperatura no ponto de ebulição da amostra, ou seja, a 760 mmHg.

O procedimento utilizado para efetuar os cortes ou destilações em vácuo de acordo com as adaptações das normas ASTM D-5236-03 e ASTM D-1160-03 é apresentado a seguir.

- Instalar o equipamento e ajustar.
- Verificar se as leituras da bomba de vácuo são inferiores a 5 mmHg.
- Pesar e registar a medição na balança.
- Transferir a amostra para um alambique de destilação de 2 L até 60 % da sua capacidade.
- Ajustar e verificar a ignição dos cobertores de aquecimento de modo a que o cobertor superior esteja a uma temperatura mais elevada do que o cobertor inferior (na ordem dos 70-60 volts, respetivamente).
- Parar a destilação quando esta atingir a temperatura de paragem, de acordo com o cálculo da temperatura atmosférica equivalente.

- Extração de breu de alcatrão de petróleo e destilado de gasóleo de vácuo.

2.5. Fracturação Térmica do G.O.V. em Condições de Severidade Moderada em Reactores de Batelada

O ensaio foi realizado num reator descontínuo não agitado fabricado pela Petróleos de Venezuela S.A., com uma capacidade de 100 mL e um sistema de aquecimento de leito fluidizado com areia. O procedimento utilizado para obter a matriz de formação e estabelecer as condições óptimas para a formação de breu de alcatrão de petróleo é descrito a seguir:

- Regular o caudal de ar diminuindo-o progressivamente à medida que a temperatura aumenta até atingir a temperatura definida na matriz de formação.
- Carregar o reator até 75 % da sua capacidade.
- Fechar o reator, ajustando-o de modo a que o vedante de grafite fique sobre a ranhura da tampa.
- Purgar o reator mediante a injeção de azoto gasoso (N_2) e efetuar o ensaio de estanquidade.
- Mergulhar o reator no forno de areia.
- Deixar a reação decorrer nas condições propostas na matriz de formação, arrefecer e abrir o reator.

As condições a que foi submetida a amostra GOV resultante da destilação em vácuo da amostra comercial, cuja principal caraterística é o elevado teor de compostos aromáticos cíclicos, são apresentadas através de uma matriz experimental.

- .5.1. Construção de uma Matriz de Formação de Base para o Breu de alcatrão de petróleo

A matriz de formação do piche de alcatrão de petróleo a partir do GOV obtido por destilação em vácuo foi baseada em parâmetros típicos a ter em consideração quando se realizam reacções de craqueamento térmico.

Nesse sentido, foram propostas temperaturas e tempos de residência variáveis, mantendo a pressão do sistema constante em 250 psig, como mostra a Tabela 8. As faixas selecionadas para temperaturas, tempos de residência e pressão de trabalho foram baseadas em condições operacionais relatadas em diferentes patentes relacionadas à área (430 °C, 30 min e 250 psig).

Tabela 8: Temperatura Vs. tempo de residência.

Temperatura (°C)	Tempo 1 (min)	Tempo 2 (min)	Tempo 3 (min)
420	60	45	35
430	60	45	35
440	60	45	35
450	60	45	35

2.6. Obtenção de BAP a partir da destilação em vácuo da base de piche de alcatrão de petróleo

A base de breu de alcatrão de petróleo foi tratada de acordo com o procedimento descrito na secção 2.5. Destilação sob vácuo de uma amostra comercial de produtos aromáticos, a fim de obter breu de alcatrão de petróleo a partir de gasóleo de vácuo craqueado termicamente.

2.7. Caracterização de produtos aromáticos

De acordo com o tipo de propriedades a avaliar, a caraterização dos materiais pode ser subdividida em três grupos: propriedades físicas, caraterísticas estruturais e análise de componentes individuais.

2.7.1. Propriedades físicas

Foi efectuada através de métodos analíticos normalizados pela ASTM (American Standard and Testing Materials) e de métodos analíticos próprios desenvolvidos pela Direção Geral de Laboratórios da PDVSA.

2.7.1.1. Ponto de amolecimento

Foi efectuado no dispositivo digital de medição do ponto de amolecimento Herzog, modelo HRB 754, com anel e esfera. Esta propriedade arbitrária foi medida quando dois discos horizontais de amostra, imersos em anéis de bronze, foram aquecidos a uma velocidade controlada num banho líquido, enquanto uma pastilha de aço estava ligada a cada disco. O ponto de amolecimento foi registado como a média das temperaturas a que os dois discos amoleceram o suficiente para permitir que cada bola, envolvida no asfalto, caísse a uma distância de 25 mm (1,0 in). O procedimento utilizado foi o seguinte: Num copo, utilizado como banho, colocou-se glicerina, de modo a que a temperatura da amostra atingisse o intervalo de ebulição desejado (25-30 °C); posteriormente, a amostra foi aquecida até se obter fluidez; em seguida, foi introduzida nos anéis metálicos sobre folha de alumínio, tendo o cuidado de a distribuir bem no anel, de modo a que a superfície da amostra coincidisse com a da face superior dos anéis. De acordo com a norma ASTM D 36-06, o banho e a amostra devem atingir uma temperatura de 30 °C para dar início ao ensaio, depois colocou-se uma bola do aparelho em cada anel com amostra e mergulhou-se no banho de glicerina, activando-se em seguida a ignição do aparelho. Por efeito da gravidade as esferas foram imersas até o fundo do béquer, que são detectadas pelo laser do equipamento, e automaticamente o equipamento indicou a temperatura de queda, que é conhecida como ponto de amolecimento.

2.7.1.2. Densidade

A densidade relativa foi determinada num picnómetro Pyrex com uma capacidade de 10 ml. De acordo com a norma ASTM D 70-03. A densidade da amostra foi calculada a partir da sua massa e da massa de água que foi deslocada pela amostra no momento do enchimento do picnómetro, utilizando a seguinte equação:

$$\text{Densidade relativa} = \frac{(C-A)}{[(B-A)-(D-C)]} \qquad (29)$$

Onde

A = massa do picnómetro.

B = massa do picnómetro cheio de água.

C = massa do picnómetro parcialmente cheio de amostra.

D = massa do picnómetro + amostra + água.

Densidade da amostra = Densidade relativa x Densidade da água

Densidade da água a 15 °C = 997,0 Kg/m^3

A metodologia utilizada foi a seguinte:

- Pesar o picnómetro (limpo e seco) com uma aproximação de 1 mg (A).
- Encher o picnómetro com água destilada e colocá-lo num banho durante 30 minutos. Retirar em seguida o picnómetro, secar o seu contorno e pesar com uma aproximação de 1 mg

(B).

- Fluidificar e agitar a amostra (a mais de 55 °C acima do seu ponto de amolecimento, durante um período de tempo não superior a 60 min), adicionar uma porção ao picnómetro até encher cerca de % da sua capacidade, sem que a amostra toque nas paredes que envolvem o volume livre. Deixar arrefecer o picnómetro e o seu conteúdo à temperatura ambiente durante um período de 40 minutos e pesar em seguida com uma aproximação de 1 mg (C).
- Encher o volume livre do picnómetro com água sem bolhas. Pressionar firmemente a rolha. Colocar o picnómetro com a amostra e a água no banho durante pelo menos 30 minutos. Secar e pesar com uma aproximação de 1 mg (D).

A densidade específica ou gravidade API foi determinada utilizando um hidrómetro de vidro ERTCO (18-23)°21 H e um termómetro. De acordo com a norma ASTM D 1298-99. A medição da propriedade foi realizada de acordo com o seguinte esquema de trabalho: o hidrómetro e o termómetro foram colocados a 5 °C no interior de uma proveta, a amostra foi adicionada evitando a formação de bolhas e a medição foi efectuada num local onde a temperatura não variava mais de 2 °C. Uma vez alcançadas estas condições, registou-se a densidade e a temperatura a que se encontrava a amostra.

2.7.1.3. Viscosidade

A viscosidade é medida pela rotação de uma haste ligada a um elemento geométrico (forma de cilindro) imerso no líquido da amostra. A haste roda a uma velocidade conhecida e o instrumento indica o binário necessário para a rotação do cilindro. Tendo em consideração a velocidade de rotação, a medição do binário e as caraterísticas do cilindro, o instrumento calcula a velocidade do fluido em causa. O procedimento de acordo com a norma ASTM D 4402(06) baseou-se em ligar o controlador de temperatura HT-104, depois a leitura da temperatura foi alterada de graus Fahrenheit para graus Celsius, em seguida, a condição de temperatura desejada foi definida, o termo-sel foi iniciado para aquecer, o fuso foi colocado e imerso sem ser completamente coberto pela amostra. Finalmente, registar a medição em unidades de Pascal/segundo ou centipoise.

2.7.1.4. Resíduos de carvão

Foi realizada num forno Tanaka, modelo ACR - M3, utilizando azoto gasoso (N_2), de acordo com a norma ASTM D 4530-06. Esta propriedade foi medida colocando uma quantidade de amostra de peso conhecido (0,15 g), num frasco de vidro e aquecida a 500°C sob uma atmosfera inerte, de forma controlada e durante um tempo especificado. Devido ao efeito da diminuição da pressão parcial dos hidrocarbonetos e ao efeito de arrastamento causado pelo azoto, durante o aquecimento intenso, os voláteis produzidos durante as reacções de coqueificação são libertados, deixando apenas os resíduos de tipo carbonoso no recipiente, que são indicados como "% de resíduo de carbono (método micro)" da amostra original. Quando o resultado esperado for inferior a 0,10 % em peso, a amostra pode ser destilada para produzir 10 % em volume de fundo antes do ensaio.

2.7.1.5. Solubilidade

Foi efectuada segundo um procedimento semelhante a uma norma interna da PDVSA, utilizando uma centrifugadora e um fogão à prova de explosão.

A metodologia utilizada consistiu em aquecer e homogeneizar a amostra aromática e pesá-la (cerca de 5 g) num tubo de centrifugação contendo 50 mL de tolueno, aferindo-o a 100 mL para dissolver a amostra. Uma vez dissolvida, a amostra foi centrifugada durante 20 minutos a 1500 rpm e o precipitado foi decantado. Todo o material insolúvel foi lavado com tolueno e, em seguida, o tubo foi avolumado até 100 mL, repetindo o procedimento até as lavagens ficarem límpidas. Finalmente, o precipitado foi seco na estufa a 105 °C e pesado para calcular a percentagem em massa de insolúveis em tolueno nas amostras utilizando a seguinte relação:

$$I.T = \frac{(B-A)}{C} * 100\% \qquad (30)$$

Onde:

A= Peso do tubo de centrifugação seco e limpo, em gramas.

B= Peso das substâncias insolúveis secas, em gramas, mais o peso do tubo de centrifugação limpo e seco, em gramas.

C= Peso da amostra em gramas.

2.7.2. Caraterísticas estruturais

2.7.2.1. Destilação Simulada

Foi realizado utilizando um cromatógrafo de gás da Agilent Technologies, modelo 6890N, com um injetor da Agilent Technologies, modelo 7683 B Series. A gama de distribuição do ponto de ebulição da amostra foi obtida por destilação simulada através de um cromatógrafo de gás. Utilizou-se um tubo de enchimento ou capilar para eluir os componentes de hidrocarbonetos da amostra por ordem crescente dos seus pontos de ebulição, a temperatura da coluna foi descrita ou aumentada a uma taxa linear e a área sob o cromatograma foi registada durante a análise. Os pontos de ebulição foram atribuídos ao mesmo tempo que o eixo de uma curva de calibração, obtida nas mesmas condições cromatográficas através da análise de uma mistura de hidrocarbonetos conhecidos que abrange a gama de pontos de ebulição esperados na amostra. A partir destes dados, foi possível estabelecer a gama de distribuição de uma amostra desconhecida. Os padrões utilizados foram:

ASTM D-2887. As razões de ignição da chama são: hidrogénio 40 ml/min, ar 450 ml/min, MK up 40 ml/min. Velocidade do gás de arrastamento (hélio) 30 ml/min. Temperatura do detetor 360 °C. Temperatura do injetor 350 °C. Amostra de 0,2 g em 10 mL de sulfureto de carbono e injetar 0,2 µE.

ASTM D-7169. As razões de ignição da chama são: hidrogénio 40 ml/min, ar 450 ml/min, MK up 25 ml/min. Velocidade do gás de arrastamento (hidrogénio) 15 ml/min. Temperatura do detetor 435 °C. A temperatura do injetor aumenta com o forno a uma taxa de 15 °C/minuto de 50 °C a 425 °C. Amostra de 0,2 g em 10 mL de sulfureto de carbono e injetar 0,2 µE.

2.7.2.2. S.A.R.A

A superfície da sílica-gel e da alumina, por estarem cobertas de sítios dipolares fixos, induzem a dispersão dos electrões dos compostos orgânicos, pelo que a separação das diferentes fracções se processa da seguinte forma

- Saturado: a porção da amostra elui da coluna com n-heptano.
- Aromáticos: a fração da amostra que não elui com o n-heptano, mas que é eluída com um solvente de polaridade moderada.
- Resinas: a fração que elui com um solvente de maior polaridade.
- Asfaltenos: devido às suas caraterísticas, nesta fração, parte da amostra precipita em solução com n-heptano, em determinadas condições específicas. Os solventes utilizados para cada uma das fracções foram: n-heptano saturado, tolueno aromático, mistura de asfaltenos de n-heptano e isopropanol numa proporção de 5:95, caudal do detetor FID Ar 2000 mL/min hidrogénio 160 mL/seg. Velocidade de leitura 30s/scan quantidade de amostra 2426 mg em 1 mL de uma mistura 1:1 de clorofórmio-tolueno, de acordo com o padrão interno da PDVSA.

2.7.2.3. Osmometria de pressão de vapor (V.P.O.)

Esta propriedade foi medida através da pressão de vapor do sistema, dissolvendo-se uma parte da amostra com um solvente adequado e registando-se esta quantidade. Uma gota desta solução e uma gota de solvente foram suspensas lado a lado, separadas por uma cortina térmica, numa câmara fechada saturada com vapor de solvente. Como a pressão de vapor da solução é inferior à do solvente, o solvente condensou-se na amostra e provocou uma descida de temperatura entre as duas gotas. Esta mudança de temperatura resultante foi medida e utilizada para determinar a massa molecular relativa (peso molecular) da amostra com referência a uma curva de calibração previamente preparada. A metodologia utilizada é derivada da norma ASTM D-2503 e é descrita da seguinte forma: selecionou-se o solvente utilizado e encheu-se o copo do osmómetro com o mesmo, pesou-se 0,3 a 0,6 g no balão volumétrico de 25 ml e diluiu-se com solvente até à capacidade máxima, encheram-se as seringas com a amostra e o solvente, adicionou-se a amostra à cortina térmica e deixou-se decorrer a experiência. Depois, a curva de calibração foi utilizada para obter a molaridade, instalando o pavio de vapor e preenchendo as ranhuras no interior do pavio, colocando-se o copo de amostra e registando-se os valores.

2.7.2.4. Análise discriminada de aromáticos

Foi realizado em um cromatógrafo a gás HP, modelo 5890 série II, este equipamento possui um forno interno que atinge uma temperatura máxima de 400 °C com um detetor de ionização de chama de 350 °C, o injetor capilar com divisão de fluxo (split), a razão de fluxo no modo split é de 133:1. Este equipamento dispõe de um detetor seletivo de massa HP, modelo série 5970, com um caudal de 100 ml/min e constituído por uma fonte de ionização por impacto de electrões de 70 eV, um analisador de massa quadrupolar e um detetor electromultiplicador. A gama de deteção de massa situa-se entre 30 e 700 Dalton. A amostra é injectada a um volume de 1 µL. A metodologia de análise é para uso exclusivo da Petróleos de Venezuela, S.A.

2.7.3. Análise elementar

2.7.3.1. Carbono e Hidrogénio

Foi realizada de acordo com a norma ASTM D 5291-02, utilizando um forno com detetor de infravermelhos Leco, modelo CHNS-932, a medição foi feita através da oxidação da amostra dentro de um cadinho a altas temperaturas, depois a amostra calcinada e os seus gases passaram pelo detetor de I.R., que deu as percentagens de carbono e hidrogénio presentes na amostra. A metodologia utilizada é explicada do seguinte modo: uma quantidade de amostra de 2 a 5 mg foi colocada num cadinho de estanho e oxidada a 950 °C; um forno secundário ligado transferiu a amostra para o detetor de IV, que é calibrado com base em padrões de dióxido de carbono e água.

2.7.3.2. Enxofre

Esta análise foi efectuada com um espetrómetro de fluorescência de raios X Axios Petro Panalytical. A propriedade foi tomada para a identificação e quantificação dos elementos químicos através do estabelecimento de uma relação entre a emissão de raios X e a carga nuclear dos átomos, uma vez que a amostra foi colocada no feixe de raios X e o pico (intensidade da linha Ka enxofre a 5,373 Â) foi medido. A intensidade, que foi medida a um comprimento de onda recomendado de 5,190 Â (5,437 Â para um alvo tubular Rhx), foi subtraída da intensidade do pico. A taxa de contagem líquida resultante foi comparada com a curva de calibração previamente preparada para obter a concentração de enxofre em percentagem mássica.

O procedimento utilizado foi o seguinte: a amostra é colocada numa célula com um mínimo de três quartos da capacidade da célula. A amostra é introduzida no feixe de raios X, permitindo que o percurso ótico atinja o equilíbrio. A intensidade da radiação Ka 5,373 Â do enxofre é determinada pela contagem das medições exactas da taxa angular para esta configuração de comprimento de onda. Determinou-se a taxa corrigida e quantificou-se a concentração da amostra.

2.7.3.3. Níquel e vanádio

Foi analisado de acordo com os procedimentos da PDVSA. O equipamento utilizado foi um espetrómetro de emissão ótica com plasma indutivamente acoplado Varian Vista Pro CCD Simultaneous ICP OES, que permitiu obter o sinal da presença do elemento, e o valor em concentração do elemento proporcional à intensidade da luz detectada (Análise Quantitativa - Análise Qualitativa). O princípio desta técnica é a deteção e quantificação da luz emitida por um átomo ou molécula que tenha sofrido um processo prévio de excitação num gás a alta temperatura (plasma). Quando um conjunto de átomos é submetido a temperaturas muito elevadas, um grande número de átomos é excitado e emite luz quando regressa de um estado excitado para um estado de energia mais baixa, sendo a intensidade da luz emitida proporcional à população de átomos no estado excitado.

2.7.3.4. Nitrogénio

Foi analisado de acordo com a norma ASTM D5762. Utilizando um detetor de absorção/emissão ANTEK 9006 UV-VIS. A medição foi efectuada colocando a amostra de hidrocarboneto numa célula à temperatura ambiente. A célula com a amostra é levada a alta temperatura para combustão no interior do tubo, onde o azoto é oxidado a óxido nítrico (NO) numa atmosfera de oxigénio. O NO em contacto com o ozono é convertido em dióxido de azoto (NO2). A luz emitida pelo NO2 excitado decai e é detectada por um tubo fotomultiplicador e o sinal resultante é uma medida do azoto contido na amostra. A metodologia de preparação da amostra foi efectuada de acordo com a prática D 4057, diluindo 0,05 g em 1,6 g de xileno num frasco de 2 mL, estabelecendo uma gama de 10 a 100 ppm.

2.8. Análise computacional para modelação termodinâmica

2.8.1. Abordagem do modelo cinético AQC® - VB.V.1.0

Para a utilização deste método de estruturação molecular de cada uma das fracções S.A.R.A., foi realizada uma revisão bibliográfica para estabelecer os formatos básicos das estruturas tentativas para cada grupo. Em seguida, com base em dados experimentais, análise elementar e análise SARA da carga, foi possível realizar um fechamento de balanço de massa que permitiu a consolidação das estruturas propostas.

Por fim, os pontos de ebulição das moléculas teóricas representativas da alimentação foram calculados segundo o método de Meissner. A validação das moléculas propostas foi efectuada comparando-as com a curva de destilação simulada da carga inicial. A coincidência dos pontos de ebulição das moléculas propostas e da carga inicial é indicativa do ajustamento das moléculas propostas à realidade, uma vez que o ponto de ebulição está diretamente relacionado com a estrutura molecular.

2.8.2. Equilíbrio da equação geral da formação de BAP

Este balanço foi efectuado a fim de obter uma molécula generalizada tanto para o GOV como para o BAP, que, por sua vez, resulta da soma de cada uma das moléculas representativas que compõem tanto o GOV como o BAP, o que contribui significativamente para simplificar o modelo termodinâmico.

2.8.3. Programa para o cálculo de propriedades termoquímicas. QBTherm (TM) V3.0 (Copyright 1992-2024)

Este programa é baseado no método de adição de grupos do Perry's HandBook 1984. Durante o desenvolvimento deste trabalho, ele foi utilizado para calcular os valores de Cp, entalpia de formação e entropia de formação para gases ideais de compostos orgânicos. Para utilizá-lo, é necessário identificar os diferentes grupos funcionais que compõem o composto, bem como a quantidade desses grupos funcionais. Com esta informação, as propriedades foram calculadas utilizando o programa thermog2/fortran, que está incluído no programa QBTherm (TM) V3.0.

CAPÍTULO 3

RESULTADOS E DEBATES SOBRE A PRODUÇÃO DE PITCH

Este capítulo apresenta os resultados obtidos a partir das experiências efectuadas de acordo com a sequência descrita na metodologia experimental.

3.1. Obtenção de GOV a partir da destilação sob vácuo de uma amostra comercial de um produto aromático

A Tabela 9 mostra os rendimentos percentuais de gasóleo de vácuo, piche de alcatrão de petróleo da destilação de vácuo do produto inicial aromático.

Tabela 9. Rendimentos de breu de alcatrão de petróleo e gasóleo de vácuo da amostra comercial à temperatura de corte de 490 °C.

da amostra comercial à temperatura de corte de 490 °C.

Experiência	Temperatura de corte (°C)	Desempenho Passo (%)	Desempenho GOV (%)	Perda (%)
A	490	46,99	47,44	5,57
B	490	51,96	42,75	5,29
C	490	49,00	46,03	4,97
Média	490	49,32	45,41	5,27

A fim de estabelecer o ponto de corte para a obtenção de um breu de alcatrão de petróleo adequado para utilização como aglutinante, foram realizadas destilações em vácuo em intervalos entre 460 °C e 510 °C, avaliando os pontos de amolecimento e viscosidade como propriedades de inspeção para definir preliminarmente a qualidade do produto. A temperatura atmosférica equivalente (EAT) do cut-off foi de 490 °C. Como descrito no capítulo anterior, a amostra aromática foi separada fisicamente em condições de vácuo para minimizar a sua degradação térmica.

Os resultados obtidos (Tabela 9) são coerentes entre si e estão dentro da gama de rendimentos esperados que podem ser previstos a partir da curva de destilação do produto aromático de partida. As diferenças observadas na Tabela 9 podem ser atribuídas à segregação da carga inicial e a ligeiras flutuações de pressão e temperatura observadas durante a experiência, bem como às propriedades da carga utilizada. Por outro lado, as perdas registadas nas experiências A, B e C são atribuídas à perda de material nas paredes do balão e do equipamento de destilação, bem como à fuga de produto leve, uma vez que, apesar de o sistema de arrefecimento ser eficiente, quando é evidente um aumento de pressão no sistema devido à elevada formação de vapores, uma fração do GOV em fase vapor passa diretamente para a bomba de sucção, como consequência de um baixo tempo de contacto entre os vapores e a superfície fria.

3.2. Estudo da Reatividade Térmica do G.O.V. em Condições de Severidade Moderada em Reactores de Batelada

Nesta secção, a reatividade térmica é estudada através do efeito do cracking térmico em condições de severidade moderada (temperatura e pressão), num tempo de reação definido, sobre o gasóleo de vácuo, com o objetivo de se obter a geração de alcatrão de petróleo base de breu. A reação de craqueamento térmico do GOV foi realizada em triplicata em reatores Batch e atmosfera inerte de 250 psig de N_2, seguindo a matriz de formação descrita na seção

2.5.1. Os rendimentos médios da base de breu de alcatrão de petróleo em função das temperaturas estabelecidas e do tempo de reação são apresentados na Tabela 10. Estas condições foram selecionadas, uma vez que são as variáveis que afectam a qualidade e o rendimento dos produtos de conversão térmica.

Tabela 10: Rendimento médio da base de breu de alcatrão de petróleo (BBAP) em função da temperatura e do tempo de reação.

(BBAP) em função da temperatura e do tempo de reação.

Temperatura (°C)	Rendimento do BBAP (%) em t= 60 (min)	Rendimento do BBAP (%) em t= 45 (min)	Rendimento do BBAP (%) em t= 35 (min)
420	82,14	82,90	83,83
430	73,67	76,04	81,00
440	60,57	64,30	71,70

Sabendo que no processo de conversão térmica ocorrem reacções muito complexas como: desalquilação (perda de cadeias laterais alifáticas, formação de parafinas, olefinas e naftenos desalquilados com ou sem substituições); decomposição parcial de grupos funcionais para a formação de outras moléculas; alquilação; ciclização; isomerização e desidrogenação de naftenos e ciclo-olefinas, para gerar aromáticos entre muitas outras moléculas. Estas reacções são responsáveis pela geração de produtos mais leves, bem como pela produção de resíduos mais pesados com uma relação carbono/hidrogénio (C/H) superior à da alimentação, limitando os níveis de cracking térmico devido à estabilidade do produto gerado. De um modo geral, a quantidade de compostos químicos de elevado peso molecular formados aumenta a temperaturas mais elevadas. No entanto, pode afirmar-se que os resultados obtidos garantem uma produção de pelo menos 60% de alcatrão de petróleo base a partir de GOV, um produto certamente mais policondensado do que o GOV de partida. Da mesma forma, comparando estas percentagens obtidas, observa-se que a tendência do rendimento da produção de base de alcatrão de petróleo é diminuir com o aumento da temperatura e do tempo de residência, devido ao facto de nestas condições a severidade do craqueamento térmico ser maior, pelo que há uma maior libertação de material volátil atribuído às fracções leves ou cadeias alifáticas, deixando no interior do reator a fração que tem as estruturas mais condensadas. Verifica-se, portanto, que com o aumento da temperatura e do tempo de residência, a produção de gás aumenta, o que é um indício de que as reacções de craqueamento térmico são favorecidas, bem como a produção de alcatrão de petróleo.

As propriedades que foram selecionadas para a avaliação da base de breu de alcatrão de petróleo foram o resíduo de micro carbono (M.C.R.) e a insolubilidade em tolueno (T.I.) porque são consideradas fundamentais para determinar a aplicabilidade do breu de alcatrão de petróleo como ligante na produção de eléctrodos. A razão subjacente às análises nas amostras de base de breu de alcatrão de petróleo e não no breu é a correlação direta entre as suas propriedades. Assim, um elevado teor de RMC e I.T do BBAP traduz-se imediatamente em propriedades semelhantes do piche que seria produzido.

A Tabela 11 apresenta as propriedades físicas (RMC) e (I.T) da base de breu de alcatrão de petróleo à temperatura e tempo definidos. Para a apresentação e análise dos resultados, foram utilizados os valores médios dos ensaios efectuados em triplicado. As amostras de GOV tratadas a 420 °C não apresentaram reacções químicas apreciáveis em nenhum dos casos de estudo, uma vez que não se observou qualquer perda de massa atribuível aos vapores (inferior a 5%) e o aspeto físico da amostra não se alterou. Também, nas condições de 450 °C, foi observada a presença de fase sólida no interior do reator, sendo esta condição descartada, uma vez que o material não apresenta propriedades adequadas como aglutinante. Dentre os erros experimentais, podemos citar aqueles associados à medição e pesagem da carga utilizada nos experimentos, bem como as pequenas perdas por arraste mecânico durante o desenvolvimento da reação.

Quadro 11: Propriedades físicas da base de breu de alcatrão de petróleo (BBAP).

Temp. (°C)	Tempo 60 (min)		Tempo 45 (min)		Tempo 35 (min)	
	RMC (%P/P)	I.T (%P/P)	RMC (%P/P)	I.T (%P/P)	RMC (%P/P)	I.T (%P/P)
420	*S/C	*S/C	*S/C	*S/C	*S/C	*S/C
430	17,0	2,32	15,4	1,16	7,37	0,51
440	22,5	9,78	19,5	5,50	14,0	2,63
450	**F/C	**F/C	**F/C	**F/C	**F/C	**F/C

*S/C= Não foi observada qualquer alteração física na amostra.

**F/C= Observou-se a formação de material sólido aglomerado.

Com base nas Tabelas 10 e 11, pode dizer-se que os resultados dos resíduos de microcarbonetos e dos insolúveis em tolueno obtidos nas condições de temperatura de 440 °C e tempos de residência entre 45 e 60 minutos são os mais adequados, uma vez que nestas condições se obtêm RMC e I.T. adequados para obter breu de alcatrão de petróleo (BAP), uma vez efectuada a destilação em vácuo da base de breu de alcatrão de petróleo (BBAP). A relação entre o BBAP e o breu pode ser estabelecida através das seguintes equações:

$$\%\ de\ \text{rendimento BAP} = \frac{RMC(BBAP)}{RMC(BAP)} * 100\% \qquad (30)$$

$$\%\ \text{de rendimento BAP} = \frac{I.T(BBAP)}{I.T(BAP)} * 100\% \qquad (31)$$

A Figura 6 mostra que quando o sistema é submetido a tempos de residência elevados há maior formação de resíduos de microcoque ou componentes pesados, o que está intimamente ligado à gravidade API, ao teor asfáltico do produto, à aromaticidade do breu e às propriedades (densidade e viscosidade) que influenciam a capacidade de ligação dos breus, esta tendência é limitada pela formação de coque experimental. Na mesma linha, a Figura 7 mostra a tendência do aumento da percentagem de insolúveis em tolueno, que é diretamente proporcional ao tempo de residência da carga. Este efeito pode estar associado à formação de partículas resultantes da quebra de moléculas maiores e da combinação e/ou desproporção de radicais que geram produtos estáveis, dados na fase de propagação e terminação do craqueamento térmico.

Este aumento contribui para melhorar significativamente a viscosidade da base de breu de alcatrão de petróleo, uma vez que o tamanho médio dos tipos de compostos atribuídos ao insolúvel em tolueno (T.I.) tem a capacidade de penetrar nas partículas maiores da base, mantendo todas as partículas moleculares ligadas entre si a nível intramolecular. A Tabela 12 mostra o resíduo de microcarbonetos (RMC) e o insolúvel em tolueno (T.I.) do GOV e do

BBA para condições de 440 °C a 45 e 60 minutos.

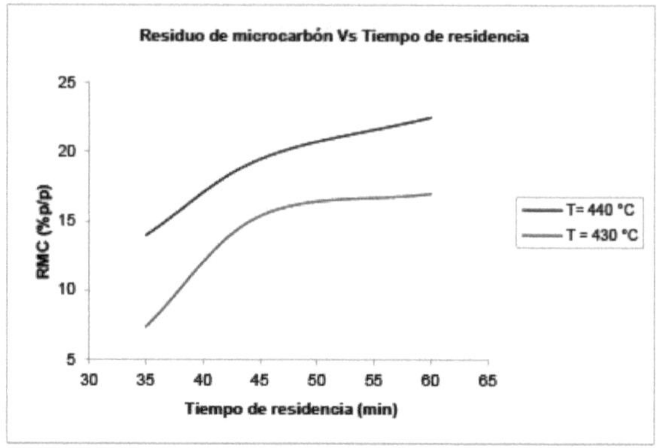

Figura 6. Resíduo de microchar Vs. tempo de residência.

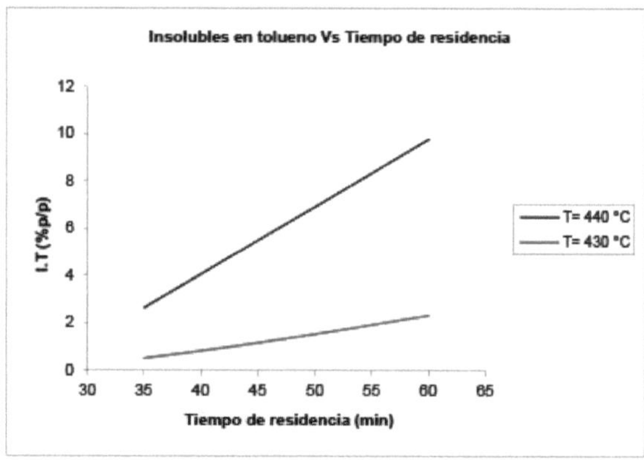

Figura 7. Insolúvel em tolueno Vs. tempo de residência.

Como se pode observar, as propriedades da base de breu de alcatrão de petróleo das reacções de maior severidade apresentam, em geral, maiores alterações em relação à amostra tratada a 430 °C. Este comportamento é lógico e esperado, uma vez que a partir de moléculas de menor tamanho e peso molecular se pode gerar uma fração de maior tamanho e peso molecular. Este comportamento é lógico e esperado, uma vez que a partir de moléculas de menor tamanho e peso molecular pode ser gerada uma fração de moléculas de maior tamanho e peso molecular, pelo que se pode afirmar que quanto maior for a severidade, maior será a conversão de carga.

Quadro 12. RMC e I.T do GOV e a média do RMC e I.T da base de breu de alcatrão de petróleo (BBAP) comunicados.

Amostra	RMC (% W/W)	I.T (% W/W)
GOV	0,28	*N/A
BBAP a 440 °C durante 45 min	19,50	5,50
BBAP a 440 °C durante 60 min	22,50	9,78

*N/A= Não aplicável a amostras de destilados.

A grande variação dos resultados obtidos entre o GOV e todas as propriedades físicas apresentadas na Tabela 12 indica que, no craqueamento térmico realizado, o número de reacções envolvidas deve ter sido elevado. De acordo com as referências, isto é possível porque a temperatura de trabalho é altamente eficaz na geração de quebras de ligação de um grande número de moléculas, uma vez que as suas energias de dissociação de ligação são relativamente moderadas. A elevada taxa de fissuração térmica observada ocorreu apesar do facto de a reatividade química estrutural das famílias resumidas em rutura de ligações e não rutura de ligações ser da seguinte ordem

Parafinas > naftalenos > olefinas > aromáticos.

3.3. Obtenção de BAP a partir da destilação em vácuo de breu de alcatrão de petróleo Base obtida no reator por batelada

O quadro 13 mostra os rendimentos duplicados de breu de alcatrão de petróleo e gasóleo de vácuo da carga de base de breu de alcatrão de petróleo do cracking térmico GOV.

Tabela 13. Desempenho do piche de alcatrão de petróleo e do gasóleo de vácuo da base de alcatrão de petróleo fissurado termicamente.

de base de alcatrão de petróleo de craqueamento térmico.

Experiência ncia	Temp. corte (°C)	Rendimient o BAP (%)	Rendimi o BAP (%) GOVERNO (%)	Perdido de Material (%)
A	490	40,2	54,7	5,1
B	490	39,9	55,2	4,9
A+B/2		40,1	54,9	5,0

Esta separação física foi efectuada a uma temperatura atmosférica equivalente (TAE) de 490 °C. Uma vez que este procedimento foi realizado utilizando o método de destilação em vácuo e o equipamento para a obtenção de GOV a partir do produto aromático, assume-se que os erros são semelhantes aos anteriormente apresentados na secção 3.1.

A partir dos resultados obtidos nesta destilação em vácuo, observa-se que o rendimento percentual é típico dos relatados para uma carga com caraterísticas semelhantes, além disso, representam uma melhoria no processo de obtenção de breu de alcatrão de petróleo, uma vez que, geralmente, nesta condição de corte, foram obtidos rendimentos de cerca de 30 %. Isto deve-se ao facto de as percentagens de resíduos insolúveis em microcimento e tolueno serem superiores às geralmente utilizadas para obter breus comerciais.

3.4. Caracterização de produtos aromáticos

O estudo e avaliação das propriedades dos produtos aromáticos; gasóleo de vácuo (GOV) e breu de alcatrão de petróleo (BAP), foi realizado através da utilização de experiências que são dadas pelas propriedades físicas, caraterísticas estruturais e análise individual dos componentes das amostras.

3.4.1. Propriedades físicas

A Tabela 14 apresenta a caraterização das propriedades físicas tais como: ponto de amolecimento (P.A), resíduo de micro carbono (MCR), solubilidade (I.T), densidade e viscosidade, avaliadas tanto para o GOV como para o BAP, para avaliar a evolução do processo de craqueamento térmico.

Uma comparação dos resultados no quadro 14 mostra um aumento significativo das propriedades descritas em consequência da conversão da carga. Em geral, verifica-se uma tendência crescente das propriedades do reator para as propriedades do produto, demonstrando a viabilidade da produção de produtos aromáticos altamente condensados a partir de GOV.

Verifica-se um aumento de todas estas propriedades em relação ao GOV devido ao efeito da temperatura e da pressão de trabalho, 440 °C e 250 psig, respetivamente. Como já foi referido em secções anteriores, este aumento acentuado deve-se ao facto de a energia de ativação para a quebra de ligações carbono-carbono, carbono-hidrogénio e carbono-enxofre, entre outras, ser baixa, pelo que, em condições de severidade moderada, ocorre um grande número de reacções deste tipo.

Tabela 14. Caracterização das propriedades físicas do GOV e do BAP.

Teste	GOV	BAP
P.A (°C)	*N/A	128,000
RMC (% w/w)	0,280	56,000
I.T (% w/w)	*N/A	19,260
Densidade (g/mL)	1,064	1,215
Viscosidade @180 (cP)	2,480	3560,000

*N/A= Não aplicável.

A Tabela 15 apresenta a caraterização das propriedades físicas do breu de alcatrão de petróleo (PTP) e alguns valores típicos do breu de alcatrão de petróleo comercial (CPTP). Comparando as propriedades físicas do BAP com as do BAPC, verifica-se que os valores estão maioritariamente acima da especificação típica para estes produtos.

Propriedades como a viscosidade do produto podem ser consideravelmente melhoradas baixando a temperatura de destilação a que o piche de alcatrão foi obtido, o que permitiria um ligeiro aumento do rendimento do produto. Estas caraterísticas são necessárias para que o bloco anódico cozido tenha a menor resistividade eléctrica e o piche carbonizado tenha uma reatividade ao ar e ao dióxido de carbono equilibrada com a do coque, a fim de evitar reacções localizadas durante o funcionamento da célula.

Tabela 15. Caracterização das propriedades físicas do BAP e alguns valores típicos para o BAPC.

valores para o BAPC.

Teste	BAP	BAPC
P.A (°C)	128	128,5
RMC (% w/w)	56	53,4
I.T (% w/w)	19,26	9,8
Densidade (g/ml)	1,215	1,21
Viscosidade @180 (cP)	3560	< 2000

3.4.2. Caraterísticas estruturais

A caraterização estrutural do gasóleo de vácuo e do breu de alcatrão de petróleo foi realizada por meio de técnicas analíticas especializadas para reagente e produto, tais como: destilação simulada, osmometria de pressão de vapor (V.P.O.), determinação das fracções S.A.R.A. e análise aromática discriminada (D.A.A.). Esta última aplica-se apenas a amostras de destilados leves e médios, uma vez que a amostra deve ser líquida para que a análise possa ser efectuada. Para analisar comparativamente o aumento das fracções leves e pesadas dos hidrocarbonetos em estudo devido ao efeito da conversão, foram traçadas as curvas de destilação simulada correspondentes ao GOV e ao BAP.

A Figura 8 apresenta resultados que demonstram a tendência da conversão para produzir uma quantidade mais elevada de produto não evaporável e a melhoria das propriedades dos reagentes que conduzem a reacções que levam à formação de fracções mais pesadas que constituem o piche de alcatrão de petróleo, tal como refletido nas medições de osmometria de pressão de vapor, tal como apresentado na Tabela 16.

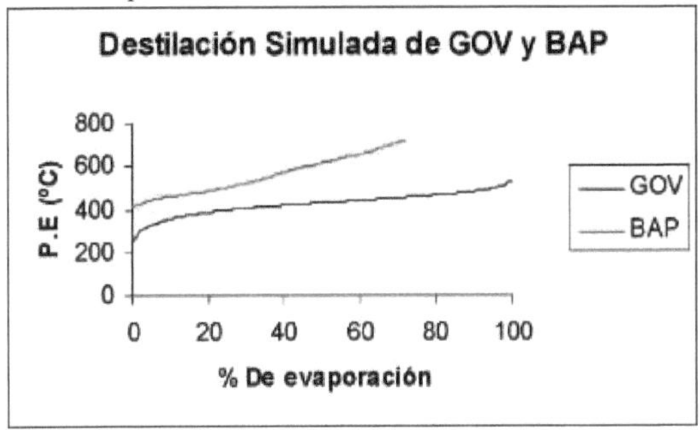

Figura 8. Destilação simulada de GOV e BAP.

Tabela 16. Caracterização por osmometria de pressão de vapor (O.P.V.) de GOV e BAP.

GOV e BAP.

Amostra	V.P.O. (g/mol)
GOVERN	239
BAP	593

Da mesma forma, observa-se que há um aumento dos pontos de ebulição do produto em relação ao reagente, o que pode ser atribuído à conversão térmica da carga, pois quanto maior o ponto de ebulição, maior a complexidade das moléculas associadas.

Da Tabela 16 pode-se inferir que há um aumento significativo do peso molecular aparente do produto em relação à carga, que é atribuído à conversão térmica, indicando que as reacções típicas de condensação e polimerização responsáveis por este aumento ocorreram no tratamento térmico. A Figura 9 apresenta os resultados médios dos ensaios em duplicado para as percentagens de Saturados, Aromáticos, Resinas e Asfaltenos (SARA) do gasóleo de vácuo e do breu de alcatrão de petróleo.

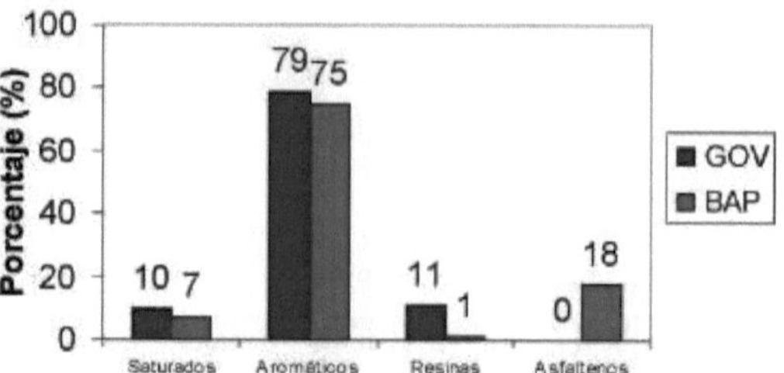

Figura 9. Caracterização S.A.R.A. de GOV e BAP.

Verifica-se que, devido ao efeito térmico, existe uma variação significativa nas percentagens de saturados, asfaltenos, resinas e aromáticos, o que é consistente com a elevada variação dos parâmetros físicos (massa volúmica e viscosidade) quer do filler quer do produto. Por outro lado, a diminuição do teor de aromáticos e o aumento dos asfaltenos são atribuídos às reacções de condensação e polimerização que acompanham o cracking térmico do GOV.

A tabela 17 apresenta a análise aromática discriminada (D.A.A.) efectuada para o GOV, que se destina a dar uma representação dos tipos de moléculas saturadas e aromáticas presentes na carga útil. A partir da Tabela 17, pode inferir-se que os principais tipos de poliaromáticos presentes na carga útil são constituídos por sistemas estruturais que variam entre um e quatro núcleos aromáticos, que são moléculas planas, rígidas e estáveis que se agrupam muito facilmente.

Tabela 17. Caracterização por análise de aromáticos discriminados para GOV e BAP.

Tipo de molécula	Volume (%)	Peso (%)
Saturado	9,0	9,0
Mono aromáticos	13,6	11,7
Di-aromáticos	12,2	11,3
Tri aromáticos	13,2	12,8
Tetra aromáticos	26,3	27,1
Penta aromáticos	3,6	4,2
Tiofeno aromático	20,4	21,8

Por conseguinte, a sua reatividade química aos processos de craqueamento térmico demonstra a viabilidade da produção de compostos poliaromáticos condensados semelhantes aos contidos neste piche gerado a partir do GOV analisado.

3.4.3. Análise elementar

Em geral, foram efectuadas análises elementares para determinar as percentagens dos seguintes elementos: Carbono, hidrogénio, enxofre, níquel, vanádio e azoto, de modo a relacioná-los diretamente com as estruturas moleculares propostas.

O quadro 18 apresenta a caraterização elementar do VG e do BAP. Comparando os resultados do quadro 18 e conhecendo a natureza altamente aromática do GOV e do BAP, quanto mais elevada for a temperatura de destilação, maior será a concentração de espécies poliaromáticas, cuja relação carbono-hidrogénio tende a ser superior à do produto de partida.

Da mesma forma, o facto de a percentagem de enxofre e azoto não variar significativamente pode ser atribuído ao facto de estes elementos se encontrarem principalmente nas estruturas aromáticas e não nas alifáticas.

Por esta razão, mesmo que o filler tenha sido sujeito a fissuração térmica, não haverá quebra significativa das ligações heteroatómicas, uma vez que os compostos aromáticos possuem uma energia de dissociação de ligações mais elevada do que os compostos alifáticos, devido às contribuições do efeito indutivo e de ressonância, fazendo com que a maior parte do enxofre e do azoto tendam a permanecer no breu.

Por outro lado, metais como o vanádio, embora associados a partículas que se encontram dispersas no produto de partida (GOV), reflectem um aumento de vanádio no pitch como consequência da concentração de sólidos nesta fração.

Tabela 18. Caracterização elementar de GOV e BAP.

Elemento	GOV	BAP
C (% p/p)	88,36	89,47
H (%)	7,75	5,24
S (ppm)	2,60	2,50
N (ppm)	0,70	0,70
Na (ppm)	<5,00	<5,00
Ni (ppm)	<5,00	<5,00
V (ppm)	<5,00	18,00

3.5. Análise computacional para modelação termodinâmica

3.5.1. Método do modelo cinético AQC® - VB.V.1.0

Figura 1. GOV e BAP Abordagem da estrutura molecular

Após a revisão da literatura e com base na caraterização efectuada, foram propostas as moléculas representativas das fracções SARA tanto para as GOV como para as BAP. Para o GOV, foram delineadas duas moléculas para os saturados, cinco moléculas para os aromáticos e três para as resinas. Para este produto, não foram propostas moléculas da fração de asfaltenos, uma vez que esta carga não os possui. Da mesma forma, foram propostas duas estruturas moleculares de saturados para o BAP, cinco para os aromáticos, uma para as resinas, pois a conversão térmica da carga tende à baixa formação deste grupo e quatro para os asfaltenos, o que totaliza 12 moléculas para o BAP e 10 para o GOV.

O objetivo de propor várias moléculas para representar a carga e o produto do processo de formação de BAP a partir de GOV foi o de criar um modelo termodinâmico suficientemente flexível, ou seja, as moléculas propostas neste estudo são capazes de representar diferentes tipos de alimentação e fluxos intermédios do processo.

Uma vez desenhadas as moléculas representativas, o balanço de massa foi fechado, evidenciando que a reprodutibilidade das análises elementares e SARA da carga foi muito precisa e satisfatória. Como pode ser observado na Tabela 19 das análises elementares geradas para as moléculas teóricas de GOV propostas.

Tabela 19. Comparação entre as análises elementares geradas pelas moléculas teóricas e as análises experimentais para o GOV.

Moléculas teóricas e análises experimentais para GOV.

Teórico	Teórico (% p/p)	Experimental (% p/p)	Átomo	Diferença	Diferença <=5 (%)
C	88,36	88,8		0,4	0

H	7,75	7,8	0,0	0
S	2,6	2,6	0,0	0
N	0,7	0,9	0,2	0

A Tabela 20 também mostra as análises elementares geradas pelas moléculas teóricas propostas para o BAP e suas porcentagens de erro em relação às análises experimentais.

A comparação entre as análises SARA geradas pelas moléculas teóricas propostas e as análises GOV e BAP experimentais, bem como a diferença entre cada uma destas e as experimentais, está resumida nos quadros 21 e 22.

Tabela 20. Comparação entre as análises elementares geradas pelas moléculas teóricas e as análises experimentais para o BAP.

Moléculas teóricas e análises experimentais para o BAP.

Átomo	Teórico (% p/p)	Experimental (% p/p)	Diferença	Diferença <=5 (%)
C	89,47	91,60	2,10	2,00
H	5,24	5,40	0,10	2,00
S	2,30	2,30	0,00	0,00
N	0,70	0,70	0,00	0,00

Tabela 21. Comparação entre as análises SARA geradas pelas moléculas teóricas e as análises experimentais

e as análises experimentais para o GOV.

Grupos SARA	Teórico (% p/p)	Experimental (% p/p)	Diferença	Diferença <=5 (%)
Saturado	10	10	0	0
Aromáticos	79	79	0	0
Resinas	11	11	0	0
Asfaltenos	0	0	0	0

A partir da Tabela 20, pode ver-se que a diferença entre a percentagem da análise teórica e o valor experimental não excede 2 por cento de erro, pelo que se encontra dentro do intervalo esperado (inferior ou igual a 5 %).

Tabela 22. Comparação entre as análises SARA geradas pelas moléculas teóricas e as análises experimentais

e as análises experimentais para o BAP.

Grupos SARA	Teórico (% p/p)	Experimental (% p/p)	Diferença	Diferença <=5 (%)
Saturado	7	7	0	0
Aromáticos	74	74	0	0
Resinas	1	1	0	0
Asfaltenos	18	18	0	0

Tal como nos casos anteriores, os dados dos quadros 21 e 22 permitem verificar, através da diferença entre cada uma das percentagens, a eficácia do método utilizado para a aproximação das moléculas, bem como a reprodutibilidade das análises SARA experimentais pelas moléculas teóricas propostas para representar o gasóleo de vácuo e o breu de alcatrão de petróleo.

Figura 2. Avaliação do ponto de ebulição

Uma vez obtidos os pontos de ebulição das moléculas teóricas delineadas através do método de Meissner [lxii], que possuem códigos como SM1, ARM1, RM1 e ASM1, significando molécula saturada número 1, molécula de aromáticos 1, molécula de resinas 1 e molécula de asfaltenos 1, respetivamente, foi possível obter a curva de destilação simulada e observar o quanto, em %OFF, resta nos diferentes cortes da destilação, o que pode ser observado na Tabela 23, onde se encontram as percentagens de evaporação da destilação simulada experimental (P.E.E), a percentagem de evaporação teórica (P.E.T) e os pontos de ebulição teóricos e experimentais, além das diferenças entre estes resultados, aqui, as moléculas teóricas reproduzem muito bem os dados obtidos na destilação simulada experimental do GOV e do BAP, o erro percentual supera em muito as expectativas do método estabelecido, pois é inferior a 0,5 %, demonstrando que as moléculas selecionadas estão corretas.

Tabela 23. Percentagens de evaporação (%OFF) da destilação simulada simulada gerada pelas moléculas representativas e pela amostra experimental de GOV e BAP.

SARA	%Off	P.E. T (°C)	P.E.E (°C)	Diferença	Diferença (%) <=5
SM1	29	404,3	404,3	0	0,0
SM2	11	358,9	358,7	-0,2	0,1
ARM1	35	412,9	413,1	0,2	0,0
ARM2	56	437,6	437,5	-0,1	0,0
ARM3	32	408,6	408,7	0,1	0,0
ARM4	72	456,3	456	-0,3	0,1
ARM5	42	421,9	421,7	-0,2	0,0
RM1	89	481,6	481,6	0	0,0
RM2	94	493,7	493,8	0,1	0,0
RM3	74	458,5	458,6	0,1	0,0
SM1	15	473,7	473,4	-0,3	0,1
SM2	39	566,3	565,3	-1	0,2
ARM1	14	469,9	470,8	0,9	0,2
ARM2	18	481,6	482,9	1,3	0,3
ARM3	34	539,6	539,8	0,2	0,0
ARM4	27	509,2	510	0,8	0,2
ARM5	49	610,9	611,1	0,2	0,0
RM1	30	521,4	521,3	-0,1	0,0
ASM1	61	661,1	662,7	1,6	0,2
ASM2	62	668,1	667,8	-0,3	0,0
ASM3	58	650,4	649,8	-0,6	0,1
ASM4	45	593,7	593,3	-0,4	0,1

Figura 3. Estrutura molecular média do GOV e do BAP

Para o caso do gasóleo de vácuo, as estruturas moleculares assumidas para a fração saturada são do tipo mostrado na Figura 10.

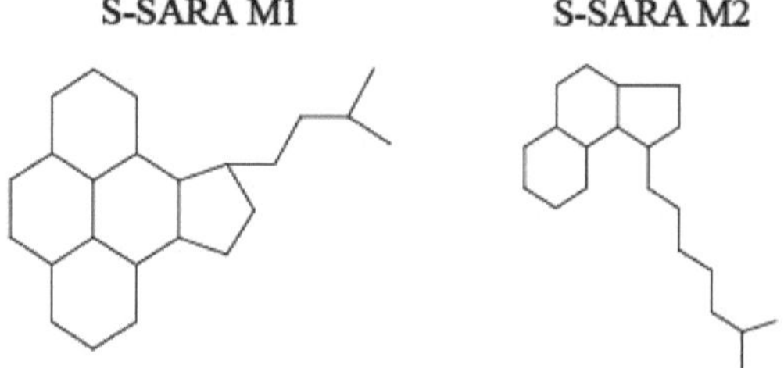

Figura 10. Molécula modelo representativa dos saturados GOV.

A molécula de S-SARA M1 tem uma fórmula molecular $C_{24}H_{40}$ com um núcleo de 4 cicloparafinas de 6 átomos de carbono, mais uma cicloparafina de 5 membros ligada a uma cadeia alquílica curta. A molécula S-SARA M2 é constituída por $C_{21}H_{38}$, com um núcleo de 2 cicloparafinas de 6 membros e uma de 5 membros ligada a um R de 8 átomos de carbono. Assumiram-se cadeias curtas e médias, uma vez que este gasóleo de vácuo provém de um processo de craqueamento térmico severo. No caso dos aromáticos, as moléculas propostas serão do tipo mostrado na Figura 11. Estas estruturas foram propostas com base no facto de serem as estruturas mais comuns encontradas no GOV, de acordo com as referências [lxiii, lx].

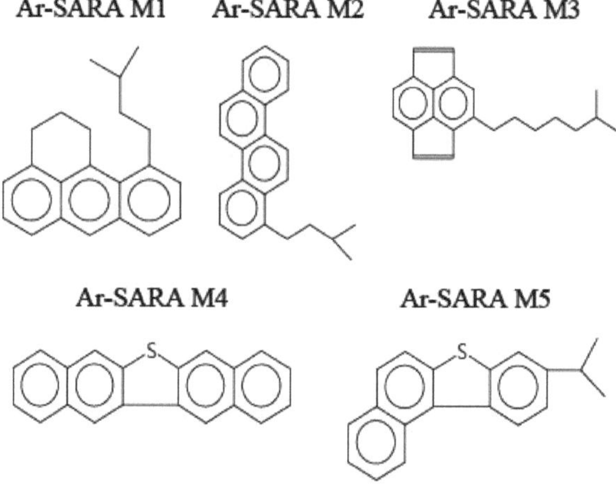

Figura 11. Moléculas modelo representativas da fração de aromáticos para GOV.

A molécula aromática Ar-SARA M1 $C_{22}H_{24}$, é constituída por um núcleo triaromático, que possui uma cadeia alquílica de 5 átomos de carbono e uma cadeia saturada, do mesmo modo, a molécula Ar-SARA M2 de fórmula $C_{23}H_{22}$ possui um sistema alquílico de 5 átomos de carbono e um núcleo aromático de 4 anéis do tipo peri-condensado. Por outro lado, a estrutura Ar-SARA M3, cuja fórmula molecular é $C_{22}H_{24}$, é constituída por anéis aromáticos de 5 e 6 membros em forma cata-condensada com uma cadeia alquílica de 8 átomos de carbono, as moléculas Ar-SARA M4 e Ar-SARA M5 de fórmulas químicas semi-desenvolvidas $C_{20}H_{12}S$ e $C_{19}H_{16}S$, respetivamente, são constituídas por estruturas do tipo dibenzotiofeno.

A figura 12 mostra as estruturas propostas que representam as resinas contidas no GOV:

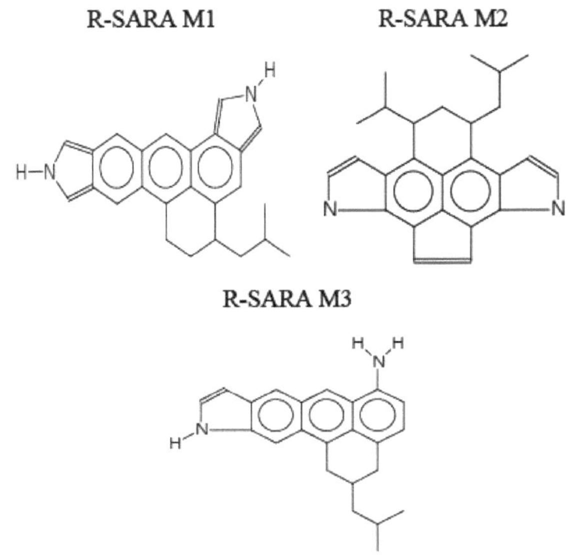

R-SARA M1 R-SARA M2

R-SARA M3

Figura 12. Moléculas modelo representativas da fração de resina.

No caso das moléculas do grupo das resinas, R-SARA M1; R-SARA M2 e R-SARA M3, cujas fórmulas moleculares são C25H24N2, C26H28N2 e C23H24N2, verificou-se que têm principalmente núcleos de 2 a 3 anéis aromáticos do tipo pericondensado de seis membros. Estes núcleos, por sua vez, estão ligados por cadeias alquílicas de 3 a 4 átomos de carbono e possuem também anéis nafténicos.

Finalmente, assumiu-se que as resinas têm cem por cento de átomos de azoto presentes. Como as análises experimentais S.A.R.A. não indicaram a existência da fração de asfalteno, esta não foi tida em conta no estudo das moléculas de gasóleo de vácuo.

Por outro lado, para o caso do piche de alcatrão de petróleo, as estruturas moleculares propostas para a fração saturada são do tipo das apresentadas na Figura 13.

A molécula S-SARA M1 de BAP, de fórmula molecular C30H56, tem uma estrutura de 3 núcleos monocicloparafínicos com ramificações alquílicas de 1-2 átomos de carbono ligadas por cadeias alquílicas de dois membros. A molécula S-SARA M2 é constituída por C36H66, representada por 2 núcleos tricicloparafínicos com cadeias alquílicas de 1-2 átomos de carbono ligadas por cadeias de 4 átomos de carbono.

Esta secção era representada por cadeias alquílicas curtas ligadas a anéis nafténicos, que produziam moléculas soltas capazes de se reorganizarem quando sujeitas a condições de fissuração térmica.

S-SARA M1

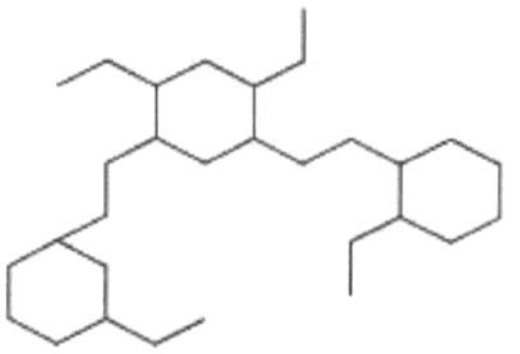

S-SARA M2

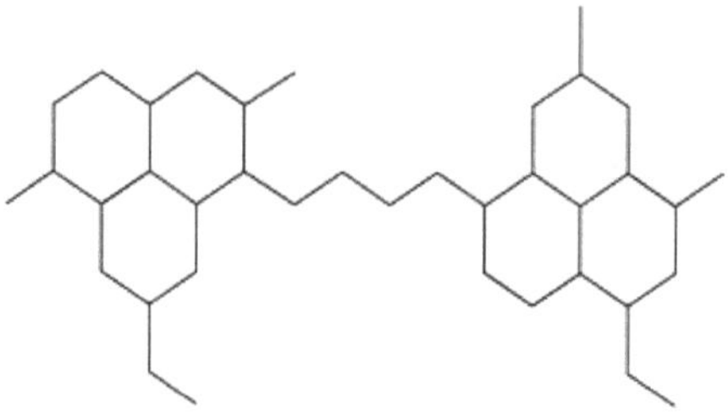

Figura 13. Molécula modelo representativa da fração saturada do GOV.

No caso dos aromáticos da BAP, as moléculas propostas eram do tipo apresentado na Figura 14. Tal como no GOV, as moléculas foram propostas com base no facto de serem as estruturas mais comuns encontradas no BAP de acordo com as referências [lvi, lvii]. A molécula aromática Ar-SARA M1 é constituída por um núcleo pentaaromático cujo arranjo é uma mistura de estruturas do tipo cata e peri-cata, sua fórmula semi-desenvolvida é $C_{23}H_{13}$, a molécula Ar-SARA M2 de $C_{24}H_{14}$ foi esboçada numa estrutura de 6 anéis aromáticos altamente concentrados entre si. A estrutura Ar-SARA M3 de fórmula $C_{28}H_{16}$ é constituída por anéis aromáticos de 5 e 6 membros sem ramificação.

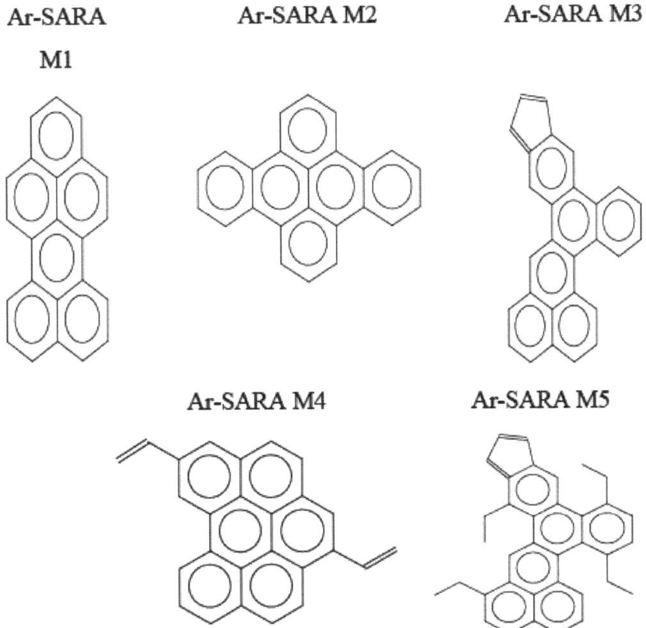

Figura 14. Modelo de moléculas representativas da parte aromática para GOV.

Quanto à molécula Ar-SARA M4 $C_{26}H_{16}$, observou-se uma ordenação cata-condensada num núcleo aromático de 6 membros com ramificações de cadeias olefínicas. Por último, a estrutura Ar-SARA M5 do $C_{36}H_{32}$ é constituída por mangas de 5 e 6 membros com ramificações de 2 átomos de carbono. Quanto às resinas R-SARA M1 $C_{26}H_{15}N$, foi estabelecido que têm um sistema piridínico rodeado de um lado por um núcleo treta-aromático cata-condensado e do outro lado por um sistema diaromático (Figura 15).

R-SARA M1

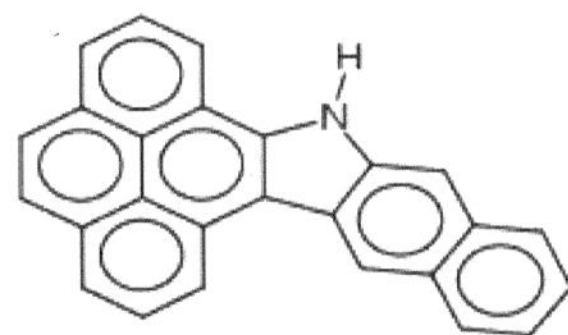

Figura 15. Moléculas modelo representativas da peça de resina.

No caso dos asfaltenos para as BAP (Figura 16):

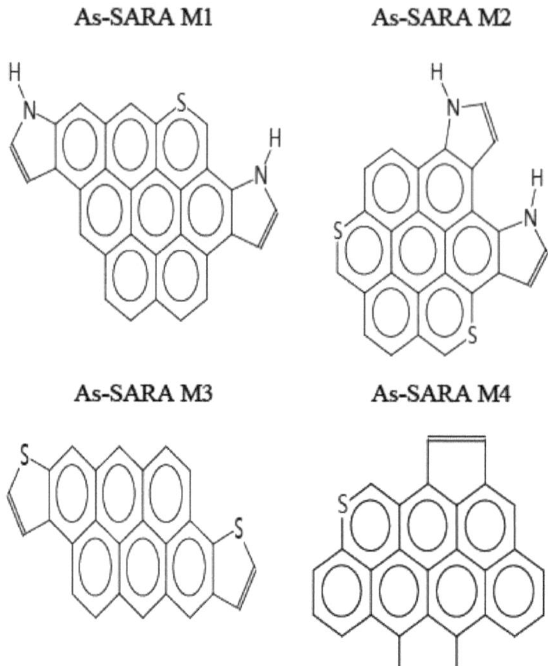

Figura 16: Moléculas modelo representativas da fração de asfalteno.

Foi estabelecido que possuem núcleos de 6 ou mais anéis aromáticos cata-condensados, além disso, foi assumido que os asfaltenos possuem 98% do total de heteroátomos da carga, as suas fórmulas moleculares são: $C_{30}H_{14}N_2S$, $C_{26}H_{12}N_2S_2$, $C_{26}H_{12}S_2$ e $C_{28}H_{12}S$.

3.5.2. Equilíbrio da equação geral da formação de BAP

Esta secção apresenta a equação geral equilibrada para a formação de breu de alcatrão de petróleo (PTP) utilizando gasóleo sob vácuo (GOV) como reagente de partida na presença de calor e pressão de azoto (N_2):

$$\begin{aligned} &16C_{24}H_{40} + 2C_{21}H_{38} + 2C_{23}H_{22} + 4C_{22}H_{24} + \\ &24C_{20}H_{12}S + 8C_{19}H_{16}S + 8C_{25}H_{24}N_2 + 8C_{26}H_{28}N_2 \\ &+ 8C_{23}H_{24}N_2 \xrightarrow{\Delta} 2C_{30}H_{56} + 2C_{38}H_{66} + \\ &2C_{23}H_{13} + 2C_{24}H_{14} + 2C_{28}H_{16} + 2C_{36}H_{32} \\ &+ 32C_{26}H_{15}N + 4C_{30}H_{14}N_2S + 4C_{26}H_{12}N_2S_2 + \\ &4C_{26}H_{12}S_2 + 4C_{28}H_{12}S + 102CH_4 + 175H_2 + 8H_2S \end{aligned} \quad (32)$$

A equação geral simplificada de uma única molécula para o GOV e o BAP, obtida através da soma das moléculas representativas do gasóleo de vácuo e do breu de alcatrão de petróleo, respetivamente, é apresentada a seguir para simplificar o modelo termodinâmico, de modo a que sejam introduzidos menos dados no modelo.

$$C_{1784}H_{1880}N_{48}S_{32} \xrightarrow{\Delta} C_{1682}H_{1106}N_{48}S_{24} + 102CH_4 + 175H_2 + 8H_2S \quad (33)$$

A partir desta equação pode inferir-se que, em termos gerais, a molécula de breu tem uma relação carbono/hidrogénio muito mais elevada do que o gasóleo de vácuo, além de se poder observar uma libertação de gases atribuída à conversão térmica, o que contrasta com o que foi observado experimentalmente.

3.5.3. Abordagem à modelação termodinâmica

A abordagem do modelo termodinâmico baseou-se no pressuposto de que, durante o processo de conversão térmica, todo o material que representa a carga ou o reagente, em condições ideais, se transforma em piche de alcatrão de petróleo e numa fração de gases, pelo que o rendimento estabelecido foi de cerca de 1OO por cento. Com base nestes pressupostos, foi proposta a seguinte equação:

$$GOV \xrightarrow{\Delta} BAP + Gases \quad (34)$$

Onde:
GOV= Reativo.
BAP= Produto principal.
Gases= Subproduto.
Os gases resultantes da decomposição das moléculas de carga pela ação da temperatura foram considerados como metano (CH_4), hidrogénio molecular (H_2) e sulfureto de hidrogénio (H_2S), uma vez que se observou nestes processos uma perda de massa atribuída à produção destes gases.
Para estudar o modelo termodinâmico que representa a conversão do GOV em breu de alcatrão de petróleo, é necessário definir o calor ou entalpia de variação da reação associada ao sistema em estudo. ΔH_R (Da equação 34 foi possível dizer que a variação da entalpia de reação é:

$$\Delta H_R = \Delta H_f(BAP_{(s)}) - \Delta H_f(GOV_{(l)}) \quad (35)$$

Onde:
$\Delta H_f(BAP_{(S)}) =$ Variação da entalpia de formação do piche de alcatrão de petróleo no estado sólido.
$\Delta H_f(GOV_{(l)}) =$ Variação da entalpia de formação do gasóleo de vácuo no estado líquido.
Então tem de o fazer:

$$\Delta H_f(GOV_{(l)}) = \Delta H_f(GOV_{(g)}) - \Delta H_{vap}(GOV) \quad (36)$$

$$\Delta H_f(BAP_{(s)}) = \Delta H_f(BAP_{(g)}) - \Delta H_{vap}(BAP) - \Delta H_{fus}(BAP) \quad (37)$$

Onde:
$\Delta H_f(GOV_{(g)}) =$ Variação da entalpia de formação do gasóleo de vácuo no estado gasoso

estado gasoso.

$\Delta H_f(GOV) =$ Variação da entalpia de vaporização do gasóleo de vácuo.

$\Delta H_f(BAP_{(S)}) =$ Variação da entalpia de formação do piche de alcatrão de petróleo no estado sólido.

$\Delta H_{vap}(BAP) =$ Variação da entalpia de vaporização do breu de alcatrão de carvão óleo.

$\Delta H_{fus}(BAP) =$ Variação da entalpia de fusão do piche de alcatrão de petróleo.

Sabendo disso:

$$dS = \frac{dQ}{T} \qquad (38)$$

Onde:

$dS =$ Diferencial de entropia.

$dQ =$ Diferencial de calor.

$T =$ Temperatura do sistema.

ΔH_{vap} y ΔH_{fus} Pode assumir-se que em relação a T:

$$\Delta S_{vap} = \frac{\Delta H_{vap}}{T} \qquad (39)$$

$$\Delta S_{fus} = \frac{\Delta H_{fus}}{T} \qquad (40)$$

Onde:

$\Delta S_{VAP} =$ Variação da entropia de vaporização.

$\Delta S_{fus} =$ Variação da entropia de fusão.

Mas de acordo com a regra de Trouton [lxiv]:

$$\Delta H_{vap}(GOV) \cong 21\bar{T}(GOV) \qquad (41)$$

$$\Delta H_{vap}(BAP) \cong 21\bar{T}(BAP) \qquad (42)$$

$$\Delta H_{vap}(BAP) \cong Cp(BAP) * (T_{(ablandamiento)} - T_o) \qquad (43)$$

Onde:

$\Delta H_{vap}(GOV) =$ Variação da entalpia de vaporização do gasóleo de vácuo.

$Cp(BAP) =$ Valor específico a pressão constante do piche de alcatrão de petróleo.

Por outro lado, para o cálculo da variação de entropia da ΔS_R:

$$\Delta S_R = S_f(BAP_{(S)}) - S_f(GOV_{(l)}) \quad (44)$$

Em que:

$S_f(BAP_{(S)}) =$ Entropia de formação do piche de alcatrão de petróleo no estado sólido.

$S_f(GOV_{(l)}) =$ Entropia de formação do gasóleo de vácuo no estado líquido.

$$S_f(BAP_{(s)}) = S_f(BAP_{(g)}) - \Delta S_{vap}(BAP) - \Delta S_{fus}(BAP) \quad (45)$$

$$S_f(GOV_{(l)}) = S_f(GOV_{(g)}) - \Delta S_{vap}(GOV_{(l)}) \quad (46)$$

Onde:

$S_f(BAP_{(g)}) =$ Entropia de formação do piche de alcatrão de petróleo no estado gasoso.

$\Delta S_{vap}(BAP) =$ Variação da entropia de vaporização do piche de alcatrão de petróleo.

$\Delta S_{fus}(BAP) =$ Variação da entropia de fusão do piche de alcatrão de petróleo.

$S_f(GOV_{(g)}) =$ Entropia de formação do gasóleo de vácuo no estado gasoso.

$\Delta S_{vap}(GOV_{(l)}) =$ Variação da entropia de vaporização do gasóleo de vácuo no estado líquido.

ΔH_{vap} Assumindo que a variação da entalpia de vaporização em função de T como:

$$\Delta S_{vap}(GOV) = \frac{\Delta H_{vap}(GOV)}{\bar{T}_{ebullición}} \quad (47)$$

Onde:

$$\bar{T}_{ebullición} = \sum_i \frac{\alpha i}{\alpha T} * Teb_i^{GOV} \quad (48)$$

Do mesmo modo, para o cálculo de $\Delta S_{vap}(BAP)$, adopta-se a seguinte relação:

$$\Delta S_{vap}(BAP) = \frac{\Delta H_{vap}(BAP)}{\bar{T}_{ebullición}} \quad (49)$$

Onde:

$$\bar{T}_{ebullición} = \sum_i \frac{\beta i}{\beta T} * Teb_i^{BAP} \quad (50)$$

$\Delta S_{vap}(BAP)$ Para o cálculo de , segue-se que:

$$\Delta S_{fus}(BAP) = \frac{\Delta H_{fus}(BAP)}{T(ablandamiento)} \quad (51)$$

Em que:

$$\Delta Hfus \cong Cp(T_{(ablandamiento)} - T_0) \qquad (52)$$

ΔG_R Por outro lado, para o cálculo da variação da energia livre de Gibbs da reação, assumiu-se que:

$$\Delta G_R = \Delta H_R - T_{(proceso)} * \Delta S_R \qquad (53)$$

$$K_{equilibrio} = e^{\frac{-\Delta G_R}{RT}} \qquad (54)$$

Onde:

$\Delta S_R =$ Variação da entropia de reação.

$\Delta H_R =$ Variação da entalpia de reação.

$K_{equilibrio} =$ Constante de equilíbrio da reação.

3.5.4. Cálculo de Cp (a, b, c e d), Entalpia de Formação e Entropia de Formação para cada molécula de GOV e BAP no estado de gás ideal pelo software QBTherm™ V3.0.

A Tabela 24 mostra os resultados dos cálculos dos coeficientes polinomiais para o calor específico à pressão constante Cp (a, b, c e d), Entalpia de Formação e Entropia de Formação para cada uma das moléculas propostas para o GOV no estado de gás ideal pelo programa QBTherm™ V3.0. [lxv, lxvi].

Tabela 24. Entalpia de formação, entropia de formação e Cp (a, b, c e d) para cada molécula de GOV.

para cada molécula de GOV.

Molécula	ΔHí (Kcal)	Sf (Cal)	A	b	C	d
S-M1	-88,70	83,50	96,20	0,27	-8,00E-05	-6,26E+06
S-M2	-87,74	164,08	55,65	0,29	-9,00E-05	-4,53E+06
Ar-M1	17,31	178,29	60,17	0,20	-5,00E-05	-3,36E+06
Ar-M2	43,23	172,91	66,35	0,19	-5,00E-05	-3,50E+06
Ar-M3	17,05	153,80	67,85	0,19	-5,00E-05	-3,27E+06
Ar-M4	90,40	160,14	49,56	0,16	-6,00E-05	-2,57E+06
Ar-M5	53,10	161,57	49,65	0,17	-5,00E-05	-2,55E+06
R-M1	61,44	146,67	80,48	0,22	-6,00E-05	-4,47E+06
R-M2	33,86	138,71	90,04	0,23	-6,00E-05	-5,00E+06
R-M3	43,19	151,64	64,33	0,23	-7,00E-05	-3,58E+06

A Tabela 25 apresenta os valores de Cp, Entalpia de Formação e Entropia de Formação corrigidos pelo coeficiente estequiométrico, de modo a tomar estes dados para estabelecer os parâmetros físico-químicos de uma molécula geral de gasóleo de vácuo.

Tabela 25. Entalpia de formação, entropia de formação e Cp (a, b, c e d) para cada molécula de GOV corrigida pelo coeficiente estequiométrico.

cada molécula de GOV corrigida pelo coeficiente estequiométrico.

Molécula	C.E	ΔHí (Kcal)	Sf (Cal)	a	B	c	d
S-M1	16	-1419,20	1336,07	1539,18	4,38498	-1,31E-03	-1,00E+08
S-M2	2	-175,48	328,16	111,29	0,58440	-1,80E-04	-9,06E+06
Ar-M1	2	34,62	356,59	120,34	0,40233	-1,00E-04	-6,73E+06
Ar-M2	2	86,46	345,82	132,70	0,38202	-1,10E-04	-7,00E+06
Ar-M3	2	34,10	307,60	135,70	0,38668	-1,10E-04	-6,54E+06
Ar-M4	24	2169,60	3843,32	1189,34	3,83987	-1,32E-03	-6,16E+07
Ar-M5	8	424,80	1292,59	397,17	1,37052	-4,60E-04	-3,58E+07
R-M1	8	491,52	1173,33	643,82	1,73819	-5,00E-04	-4,00E+07
R-M2	8	270,88	1109,67	720,31	1,87290	-5,20E-04	-2,87E+07
R-M3	8	345,52	1213,14	514,66	1,85579	5,20E-04	-4,82E+07

A Tabela 26 mostra os resultados dos cálculos de Cp (a, b, c e d), Entalpia de Formação e Entropia de Formação para cada uma das moléculas propostas para BAP no estado de gás ideal pelo programa QBTherm ™ V3.0.

Tabela 26. Entalpia de formação, entropia de formação e Cp (a, b, c e d) para cada molécula de BAP.

para cada molécula de BAP.

Molécula	AHÍ (Kcal)	Sf (Cal)	a	b		d
S-M1	-149,44	223,45	86,87	0,42	-0,00013	-6030475
S-M2	-170,72	198,18	92,78	0,55	-0,00017	-9087887
Ar-M1	100,07	121,29	61,96	0,16	-0,00005	-3298526
Ar-M2	101,70	148,50	64,47	0,16	-0,00005	-3462912
Ar-M3	119,00	169,15	75,35	0,19	-0,00006	-4024130
Ar-M4	146,02	216,94	58,72	0,14	-0,00004	-3098846
Ar-M5	69,24	243,50	97,66	0,30	-0,00007	-4768258
R-M1	121,04	99,38	74,71	0,18	-0,00006	-3928510
As-M1	166,84	130,10	87,71	0,22	-0,00007	-4198376
As-M2	157,18	141,70	72,81	0,21	-0,00007	-3301746
As-M3	135,88	183,45	63,19	0,21	-0,00008	-2930099
As-M4	141,34	148,90	73,05	0,20	-0,00007	-3497038

A Tabela 27 apresenta os valores de Cp (a, b, c e d), Entalpia de Formação e Entropia de Formação corrigidos pelo coeficiente estequiométrico para as moléculas de breu de alcatrão de petróleo propostas. Estes cálculos serão utilizados para avaliar as propriedades médias da molécula global de BAP.

Tabela 27. Entalpia de formação, entropia de formação e Cp (a, b, c e d) para cada molécula de BAP corrigida pelo coeficiente estequiométrico.

cada molécula de BAP corrigida pelo coeficiente estequiométrico.

Molécula	C.E	ΔHf (Kcal)	Sf (Cal)	a	b	c	d
S-M1	2	- 298,88	446,89	173,75	0,83	- 0,00025	- 12060950
S-M2	2	- 341,44	396,3 6	185,56	1,11	- 0,00035	- 18175774
Ar-M1	2	200,14	242,59	123,91	0,31	- 0,00010	- 6597052
Ar-M2	2	203,40	297,01	128,93	0,33	- 0,00010	- 6925824
Ar-M3	2	238,00	338,31	150,71	0,38	- 0,00012	- 8048260
Ar-M4	2	292,04	433,87	117,45	0,28	- 0,00007	- 6197692
Ar-M5	2	138,48	486,99	195,31	0,60	- 0,00015	- 9536516
R-M1	32	3873,28	3180,16	2390,68	5,78	- 0,00178	125712320
As-M1	4	667,36	520,39	350,83	0,88	- 0,00030	- 16793504
As-M2	4	628,72	566,80	291,24	0,86	- 0,00030	- 13206984
As-M3	4	543,52	733,81	252,76	0,84	- 0,00031	- 11720396
As-M4	4	565,36	595,62	292,20	0,79	- 0.000	- 13988

A Tabela 28 mostra os dados obtidos através do método de adição de grupos que foram retirados da fonte bibliográfica Perry's HandBook.

Tabela 28. Entalpia de formação, entropia de formação e Cp (a, b, c e d) para cada molécula de gás.

para cada molécula de gás.

Molécula	ΔHí (Kcal)	Sf (Cal)	a	b	c	d
CH4	-17,90	44,49	2,86	0,02	-0,000005	30193
H2	0	31,21	4,04	0,01	0	0
H2S	-4,93	49,16	8,18	0	0	0

3.5.5. Cálculo de Cp (a, b, c e d), entalpia de formação e entropia de formação para o GOV global e a molécula de BAP no estado de gás ideal

A partir dos resultados das propriedades físico-químicas corrigidos pelo coeficiente estequiométrico na secção anterior, foi possível obter um resultado geral do Cp (a, b, c e d), da entalpia de formação e da entropia de formação no estado de gás ideal para o gasóleo de vácuo e o breu de alcatrão de petróleo, a fim de simplificar o raciocínio. Estes valores estão indicados na Tabela 29. Tal como no VG, as moléculas foram propostas com base no facto de serem as estruturas mais comuns encontradas no BAP, de acordo com as referências [lvi, lvii].

Tabela 29. Entalpia de formação, entropia de formação e Cp para moléculas gerais de GOV e BAP.

para as moléculas GOV e BAP gerais.

Molécula	ΔHí (Kcal)	Sf (Cal)	a	B	C	d
GOV	28,29	141,33	68,81	1,05	0	-42964449
BAP	108,23	132,88	75,05	0,21	0	-4015539
CH4	-17,90	44,49	2,86	0,02	-0,000005	30193
H2	0	31,21	4,04	0,01	0	0
H2S	-4,93	49,16	8,18	0	0	0

A molécula aromática Ar-SARA M1 é constituída por um núcleo pentaaromático cujo arranjo é uma mistura de estruturas do tipo cata e peri-cata, a sua fórmula semi-desenvolvida é C23H13, a molécula Ar-SARA M2 de C24H14 foi delineada numa estrutura de 6 anéis aromáticos altamente concentrados entre si. A estrutura Ar-SARA M3 de fórmula C28H16 é constituída por anéis aromáticos de 5 e 6 membros sem ramificação.

Como se pode ver no quadro 29, a diferença líquida no calor de formação entre o reagente e o produto é muito positiva, pelo que a força motriz da formação de BAP a partir de GOV é atribuída ao facto de se formarem grandes quantidades de moles de hidrocarbonetos curtos, como o CH4, cuja energia livre de formação é muito negativa, favorecendo assim o processo de formação de pitch.

3.5.6. Cálculo da entalpia, entropia e energia livre de reação em função da pressão e da temperatura para a equação química geral simplificada de formação do BAP

A Tabela 30 apresenta os resultados de Entalpia de Formação, Entropia de Formação e Energia Livre de Reação em função da pressão e temperatura para a equação química geral simplificada que representa a formação do piche de alcatrão de petróleo. Estes resultados foram obtidos através do programa QBTherm™ V3.0.

Comparando as condições de temperatura utilizadas no desenvolvimento do trabalho experimental, pode dizer-se que quanto mais elevada for a temperatura, mais termodinamicamente estável será o sistema, o que pode ser corroborado pela variação do ΔG da reação.

Tabela 30. Entalpia de formação, entropia de formação e energia livre de reação em função da pressão e da temperatura.

em função da pressão e da temperatura.

TEMP (°C)	Pressão (psig)	ΔH (Kcal)	ΔS (Cal)	ΔG (Kcal)
420	250	-691.1	11034.0	-7219.7
430	250	-657.3	11082.5	-7314.1
440	250	-623.1	11130.8	-7409.1

Em termos gerais, pode dizer-se que o processo de produção de breu de alcatrão de petróleo é irreversível e espontâneo. A qualquer temperatura a reação química é exotérmica favorecendo a formação de produtos. Sabendo que na Tabela 29 a diferença de entropia de formação entre o reagente e os produtos é pequena e analisando a Tabela 30 podemos dizer que o cálculo entre a variação de entropia da reação é grande e muito positivo atribuído à grande quantidade de gases gerados durante o craqueamento térmico. Ou seja, em um processo onde um sólido produz outro sólido mais gases, a variação de entropia é grande, pois os gases possuem mais graus de liberdade que os sólidos.

Poder-se-ia pensar que este tipo de processo funcionaria mais eficazmente a pressões mais baixas, com a ideia de deslocar, através de Le Chatelier, os equilíbrios para os produtos. No entanto, um excesso na produção de gases aumentaria a geração de produtos em direção ao piche, mas também em direção ao coque. Assim, do ponto de vista termodinâmico, o processo de formação de coque será favorecido em relação a qualquer outro processo, pelo que, para o seu controlo, o sistema deverá ser pressurizado, favorecendo a produção de breu. Ao analisar os resultados experimentais de acordo com o modelo termodinâmico proposto para a conversão de GOV em BAP, verifica-se que, de um modo geral, o processo teórico representa efetivamente as condições de conversão experimentais. Além disso, as moléculas propostas, tanto da carga como do produto, encontram-se abaixo do erro de 5 %, o que garante a sua eficácia.

Uma pequena diferença entre ambos os estudos é que foi assumido que o reagente é transformado diretamente em breu sem formar breu base, porque esta é uma fase transitória em que apenas ocorre um processo de destilação, onde é produzida uma fração de luz, isto foi feito para facilitar os cálculos termodinâmicos, no entanto esta diferença entre ambos os estudos, não contribui com alterações significativas para o equilíbrio global da conversão, uma vez que é apenas uma separação física que não modifica a estrutura química das moléculas dentro da conversão térmica.

A principal limitação do modelo termodinâmico proposto é o facto de não considerar como variável a estabilidade química dos radicais livres formados no sistema. Da mesma forma, por ser apenas de natureza termodinâmica, não é tido em consideração o tempo de reação, que como foi evidenciado experimentalmente é um fator essencial no momento da formação do produto esperado e porque este modelo apenas permite calcular as variáveis físico-químicas de estado (ΔH, ΔS e ΔG) a conversão máxima do sistema em diferentes condições de temperatura e pressão será alcançada utilizando a seguinte equação química para calcular a constante de equilíbrio do sistema. Da mesma forma, ao calcular a variação da energia livre de Gibbs para uma determinada condição, este valor calculado foi muito elevado, o que significa que a constante de equilíbrio é maior, implicando que a conversão do produto aumenta à medida que a temperatura aumenta, mas é limitada pela formação de coque.

Ao comparar os resultados observados para a condição de 420 °C, por meio do modelo termodinâmico, observa-se que há uma alta energia livre de Gibbs, embora experimentalmente não tenha havido alteração apreciável, isso pode ser atribuído ao fato de que a energia de ativação para a quebra da ligação não foi suficiente, assim as moléculas da carga não passaram para a fase gasosa onde ocorre a quebra e posterior rearranjo estrutural das moléculas. Portanto, é de notar que quanto maior for o tempo de reação, maior será a libertação de radicais livres. Por outro lado, podemos dizer que as reacções de craqueamento térmico são termodinamicamente favorecidas em condições de temperatura superiores a 300 °C, mas são limitadas pelo tempo de reação.

CAPÍTULO 4

CONCLUSÕES SOBRE A PRODUÇÃO DE BREA

Dos resultados obtidos com as experiências efectuadas, pode concluir-se que:

- A tendência crescente das propriedades dos reagentes em direção ao produto demonstrou a viabilidade técnica da produção de produtos aromáticos altamente condensados, como o piche de alcatrão de petróleo, a partir de GOV.
- A gama de variáveis selecionadas tem um efeito tanto no rendimento do produto como nas propriedades gerais do piche de alcatrão de petróleo, mostrando que a temperatura e o tempo de reação afectam diretamente as propriedades físico-químicas fundamentais para a produção de piche a partir de gasóleo de vácuo.
- As condições de funcionamento óptimas para obter o maior rendimento de breu de alcatrão de petróleo com as melhores propriedades físico-químicas (ponto de amolecimento e resíduo de microcarvão) são a temperatura de reação de 440 °C, o tempo de reação de 45 a 60 minutos e a pressão de reação de 250 psig.
- Em condições de temperatura e tempo de residência moderados (430-440 °C e 45-60 min), ocorrem reacções de craqueamento térmico elevadas, que quebram as moléculas de hidrocarbonetos iniciais, gerando radicais livres que formam fracções de maior peso molecular por polimerização, condensação, desidrogenação e desalquilação, produzindo, por sua vez, fracções leves.
- A presença ou não de reacções químicas no sistema em estudo pode ser determinada pela presença de duas fases após a reação: gasosa e sólida.
- A tendência crescente da percentagem de insolúveis de tolueno e de resíduos de microchar é diretamente proporcional ao tempo de residência e à temperatura de reação.
- Quanto mais elevada for a temperatura de destilação, maior será a concentração de espécies poliaromáticas, cuja relação carbono-hidrogénio tende a ser superior à do produto de partida.
- Devido ao efeito térmico, há uma variação nas percentagens de saturados, asfaltenos, resinas e aromáticos, o que é consistente com a elevada variação dos parâmetros físicos, como a densidade e a viscosidade, tanto do material de enchimento como do produto.
- O aumento dos pontos de ebulição do produto em relação ao reagente é diretamente proporcional à conversão térmica da carga, uma vez que quanto maior o ponto de ebulição, maior a complexidade das moléculas associadas.
- A eficácia do balanço de massa efectuado para moléculas representativas concebidas para GOV e BAP é verificada, uma vez que a diferença entre a percentagem da análise teórica e o valor experimental não excede um erro de 2%, o que está dentro do intervalo esperado (inferior ou igual a 5%).
- As moléculas de gasóleo de vácuo são estruturas altamente aromáticas de cerca de 80%, com uma baixa relação carbono-hidrogénio, compostas por núcleos polinsaturados e poliaromáticos com um máximo de quatro anéis estruturais e cadeias alquílicas. A sua fração SARA não tem a fração de asfaltenos.
- Em termos gerais, a molécula de breu tem uma relação carbono/hidrogénio (C/H) muito mais elevada do que o gasóleo de vácuo, sendo composta por núcleos polinsaturados e poliaromáticos com três a oito anéis estruturais de seis átomos de carbono. Tem uma baixa percentagem de resinas.

- A diferença líquida no calor de formação entre o reagente e o produto é muito positiva, pelo que a força motriz da formação de BAP a partir de GOV é atribuída ao facto de se formarem grandes quantidades de moles de hidrocarbonetos curtos, como o CH4, cuja energia livre de formação é muito negativa, favorecendo o processo de formação de pitch.
- A variação da energia livre de Gibbs para a reação corrobora que quanto maior for a temperatura, maior será a estabilidade termodinâmica do sistema.
- O processo de produção de breu de alcatrão de petróleo é irreversível e espontâneo. A qualquer temperatura, a reação química é exotérmica, favorecendo a formação de produtos.
- O excesso de produção de gás aumenta a produção de produto em direção ao piche, mas também em direção ao coque. É por isso que, de um ponto de vista termodinâmico, o processo de formação de coque será favorecido em relação a qualquer outro processo, pelo que, para o seu controlo, o sistema deve ser pressurizado para uma atmosfera inerte (N2) que favoreça a produção de breu.
- Durante o craqueamento térmico, a variação de entropia da reação é grande e muito positiva, atribuída à grande quantidade de gases gerados devido ao facto de os gases terem mais graus de liberdade do que os sólidos. Ao analisar os resultados experimentais em termos do modelo termodinâmico proposto para a conversão de GOV em BAP, estabelece-se que, em geral, a linha
- O processo teórico representa efetivamente as condições experimentais de conversão, a diferença entre os dois estudos não traz alterações significativas ao balanço global de conversão.
- A principal limitação do modelo termodinâmico proposto é o facto de não ter em conta a estabilidade química dos radicais livres formados no sistema. Da mesma forma, como é apenas de natureza termodinâmica, o tempo de reação não é tido em consideração,
- A alteração da energia livre de Gibbs calculada para o sistema é elevada, o que resulta numa constante de equilíbrio mais elevada, o que implica que a conversão do produto aumenta com o aumento da temperatura, mas é limitada pela formação de coque.
- A tendência para a quebra de ligações implica que quanto maior for o tempo de reação, maior será a libertação de radicais livres, o que se traduz numa maior formação de estruturas químicas diferentes dos hidrocarbonetos iniciais.

SOBRE O AUTOR

Dr. Jairo José Rondón Contreras. Professor Associado de Engenharia na Universidade Politécnica de Porto Rico. Licenciado em Química, Mestre e Doutor em Química Aplicada, menção em Estudos de Materiais pela Universidad de Los Andes. Desde 2007 que trabalha na indústria do petróleo e do gás, adquirindo experiência na área dos processos químicos aplicados; também desenvolveu projectos de engenharia básica e de detalhe para a indústria química e petrolífera. Os seus interesses de investigação incluem Ciência e Engenharia de Materiais, Design de Engenharia, Química Aplicada e Gestão de Projectos. Autor e coautor de artigos científicos sobre engenharia química e biomédica, caraterização de sólidos, cinética, catálise e termodinâmica.

BIBLIOGRAFIA

[i] Speight, J. G. (2014). A química e a tecnologia do petróleo. CRC press.

[ii] Rondón, J. (2011). Hidrodessulfurização do dibenzotiofeno em catalisadores de Mo suportados no material nanoporoso MCM-48. Trabalho de Graduação Especial (MSc). Universidade de Los Andes, Faculdade de Ciências. Mérida- Venezuela.

[iii] Barberii, E. E. (1998). O poço ilustrado. PDVSA, Programa de Educación Petrolera. Venezuela.

[iv] Rondón, J., Meléndez, H., Lugo, C., del Castillo, H., & Imbert, F. (2016). Síntese, caraterização e atividade catalítica de MoS2/MCM-48 na hidrodessulfurização de dibenzotiofeno. Avanços em Química, 11(1), 35-45.

[v] Rondón, J., Lugo, C., Meléndez, H., Pérez, P., Del Castillo, H., & Imbert, F. (2021). Estudo de sólidos heterogêneos do tipo NiMoS2 / MCM-48 e atividade catalítica na hidrodessulfurização do dibenzotiofeno. Revista de Ciência e Engenharia. Vol, 42(2).

[vi] Departamento de Química (2001). Manual de Laboratório de Química Orgânica. Universidad de Los Andes, Mérida, Venezuela.

[vii]Furniss, B. S. (1989). Vogel's textbook of practical organic chemistry. Pearson Education India.

[viii] Oropeza, F. (2004). ®Obtenção de Flekes do Óleo de Fundo do Separador Quente do Processo de Hidroconversão HDH PLUS (Relatório de Estágio). Universidad Central de Venezuela, Caracas, Venezuela.

[ix] Hume, S. M. (1993). Influência das propriedades das matérias-primas na reatividade dos ânodos de carbono utilizados na produção electrolítica de alumínio. AluminiumVerlag.

[x] Durán, Y. (2006). Reacções de vapoconversão catalisadas por sistemas nanoestruturados baseados em metais de transição e alcalinos (Tese de licenciatura). PDVSA-INTEVEP. S.A., Universidad de Los Andes, Mérida, Venezuela.

[xi] Jones, D. S., Pujadó, P. P. (Eds.) (2006). Handbook of petroleum processing. Springer Science & Business Media.

[xii]Gray, R. M. (1994). Upgrading petroleum residues and heavy oils. CRC press.

[xiii] Thiel, P. A., Madey, T. E. (1987). A interação da água com superfícies sólidas: Aspectos fundamentais. Surface Science Reports, 7(6-8), 211-385.

[xiv] Rahimi, P. M., Gentzis, T. (2006). A química do processamento do betume e do óleo pesado. Em Practical Advances in Petroleum Processing (Avanços práticos no processamento de petróleo) (pp. 597-634). Springer Nova Iorque.

[xv]Kossiakoff, A., Rice, F. O. (1943). Decomposição térmica de hidrocarbonetos, estabilização por ressonância e isomerização de radicais livres. Journal of the American Chemical Society, 65(4), 590-595.

[xv]Schabron, J. F., Pauli, A. T., Rovani, J. F. (2002). Mapas de previsibilidade de formação de coque residual. Fuel, 81(17), 2227-2240.

[xvii] Li, S., Liu, C., Liang, W. (2001). Formação de coque no craqueamento térmico e catalítico de resíduos de vácuo de Shengli e Gudao tendo em vista a estabilidade coloidal. Preprints-Sociedade Americana de Química. Divisão de Química do Petróleo, 46(3), 259-263.

[xviii] León, O. G., Sosa, Y. R., Álvarez, C. M. (2017). Aplicações industriais. Revista de Ingeniería, 38(2), 115-123.

[xix] Rice, F. O., Stallbaumer, A. L. (1942). The Decomposition of Cyclohexene Oxide and 1, 4-Cyclohexadiene from the Stand-point of the Principle of Least Motion1 Journal of the American Chemical Society, 64(7), 1527-1530.

[xx]Rice, F. O.; Roberts, R. (1943). The Structure of Diketene. Journal of the American Chemical Society, 65(9), 1677-1681.

[xxi] Higuerey, I. (2001). Estudio Comparativo de la Distribución de Productos de las Reacciones de Craqueo Térmico y Vapocraqueo Termocatalítico del Residuo Tía Juana Pesado (Tese de doutoramento). Universidad Central de Venezuela, Caracas, Venezuela.

[xxii] Clark, P. D., Hyne, J. B., Tyrer, J. D. (1984). Some chemistry of organosulphur compound types occurring in heavy oil sands: 2. Influence of pH on the high temperature hydrolysis of tetrahydrothiophene and thiophene. Fuel, 63(1), 125-128.

[xxiii] Fan, H. F., Liu, Y. J., Zhao, X. F. (2001). Estudo sobre alterações na composição de óleos pesados sob tratamento a vapor. Journal of Fuel Chemistry and Technology, 29(3), 269-272.

[xxiv] González-Cortés, S., & Imbert, F. E. (Eds.) (2018). Catalisadores sólidos avançados para a produção de energia renovável. IGI Global.

[xxv] Aquino, L. (2006). Valorização de resíduos. Curso de refinação, secção 9. PDVSA-INTEVEP. Miranda, Venezuela.

[xxvi] Barneto, A. G., Carmona, J. A., Garrido, M. J. F. (2016). Avaliação termogravimétrica da degradação térmica em asfaltenos. Thermochimica Ata, 627, 1-8.

[xxvii] Kataria, K. L., Kulkarni, R. P., Pandit, A. B., Joshi, J. B., Kumar, M. (2004). Kinetic studies of low severity visbreaking. Industrial & engineering chemistry research, 43(6), 1373-1387.

[xxviii]Gray, M. R., McCaffrey, W. C. (2002). Papel das reacções em cadeia e da formação de olefinas no craqueamento, hidroconversão e coqueificação de fracções de petróleo e betume. Energy & fuels, 16(3), 756-766.

[xxix] Machin, I., De Jesus, J. C., Zacarías, L., Rivas, G., Delgado, O., Sánchez, R., Sardella, R., Higuerey, I. (2006). ® Mecanismo AQUACONVERSION (Relatório Técnico). PDVSA-INTEVEP. S. A, INT-11129, Miranda, Venezuela.

[xxx] Mottola, M. (1991). Produção e Caracterização de Coque de Petróleo e Alcatrões (Tese de Mestrado). PDVSA-INTEVEP. S. A; Universidad Simón Bolívar, Caracas, Venezuela.

[xxxi] Hammond, D. G., Lampert, L. F., Mart, C. J., Massenzio, S. F., Phillips, G. E., Sellards, D. L., Woerner, A. C. (2003). Revisão das tecnologias de coqueamento fluido e flexicoque. Em AIChE 6th Topical Conf. on Refining Processing, EUA, primavera.

[xxxii] Romano, M. K., de Chamorro, M. P. (2003). Estudo preliminar da reciclagem de ácidos na desmetalização e dessulfuração simultâneas de coques de petróleo venezuelanos por micro-ondas. Revista Facultad. Ing, 18, 73-78.

[xxxiii]Velasco, L., Mota, C., Rodríguez, D. (1990). Patente dos EUA n.º 4.961.837. Washington, DC: U.S. Patent and Trademark Office.

[xxxiv]Azuaya, A., De Salazar, C., Palazon, E. (2001). Registo Europeu de Patentes E.P. 1

130 077 A2. Madrid, Espanha.
[xxxv] Dubois, J., Agache, C., White, J. L. (1997). A mesofase carbonácea formada na pirólise de materiais orgânicos grafitizáveis. Materials Characterization, 39(2), 105-137.
[xxxvi]Delgado, O. (2005). Mesofase de petróleo como precursor de novos materiais carbonosos (Relatório Técnico). PDVSA-INTEVEP. S.A, INT- 10649, Miranda, Venezuela.
[xxxvii] Nic, M., Hovorka, L., Jirat, J., Kosata, B., Znamenacek, J. (2005). Compêndio IUPAC de Terminologia Química - O Livro de Ouro. União Internacional de Química Pura e Aplicada.
[xxxviii] García-Cuello, V., Vargas-Delgadillo, D., Murillo-Acevedo, Y., Cantillo-Castrillon, M. Y., Rodríguez-Estupiñán, P., Giraldo, L., Moreno-Piraján, J. C. (2011). Termodinâmica das Interações entre Gás-Sólido e Sólido-Líquido em Materiais Carbonáceos. Em Termodinâmica-Estudos de Interação-Sólidos, Líquidos e Gases. InTech.
[xxxix] Zander M. (2000). Chemistry and Properties of Coal-Tar and Petroleum Pitch, in "Science of Carbon Materials". Marsh, H e Rodríguez Reinoso F. Universidade de Alicante. Espanha.
[xl] Parker, J. E., Johnson, C. A., John, P., Smith, G. P., Herod, A. A., Stokes, B. J., Kandiyoti, R. (1993). Identification of large molecular mass material in high temperature coal tars and pitches by laser desorption mass spectroscopy. Fuel, 72(10), 1381-1391.
[xli] Greinke, R. A., O'connor, L. H. (1980). Determinação das distribuições de peso molecular do piche de petróleo polimerizado por cromatografia de permeação em gel com eluente de quinolina. Analytical Chemistry, 52(12), 1877-1881.
[xlii] Simon, H (1989). Methods of Analysis for Electrode Pitch. Allied Corporation Ironton. Ohio-USA.
[xliii] Marsh, H., Kuo, K. (1989). Kinetics and catalysis of carbon gasification, Introduction to Carbon Science (pp. 107-151). Universidade de Newcastle upon Tyne, Newcastle upon Tyne, NE1 7RU, Reino Unido.
[xliv] Instituto Francês do Petróleo, Petroleos de Venezuela, S.A., (2007). Mestrado em Refinação, Engenharia e Gás. Módulo 2: Caracterização de Produtos Petrolíferos. Uma Organização Internacional de Formação. Caracas, Venezuela.
[xlv] Forrest, M., Marsh, H. (1981). Composition of pore-wall material in metallurgical coke: Considerations of strength, gasification and thermal stress. Fuel, 60(5), 418-422.
[xlvi] Lubkowitz, J. Ceballo, C. (1996). Curso "Destilação Simulada", COLACRO VI, Caracas, Venezuela.
[xlvii] Ceballo, C., Murgia, E. (1981). Destilação Simulada de Gasolinas. Revista Técnica INTEVEP 1 (2), 99 -107. PDVSA- INTEVEP. Miranda, Venezuela.
[xlviii] ASTM D2887-16a, (2016). Standard Test Method for Boiling Range Distribution of Petroleum Fractions by Gas Chromatography, ASTM International, West Conshohocken, PA, EUA.
[xlix] ASTM D7169-16. (2016). Standard Test Method for Boiling Point Distribution of Samples with Residues Such as Crude Oils and Atmospheric and Vacuum Residues by High Temperature Gas Chromatography, ASTM International, West Conshohocken, PA, USA.
[l] Osmómetro de pressão de vapor VAPRO®. 1995, 1998, 1998, 2000, 2002 Wescor, Inc. Impresso em Espanha. Wescor, Vapro, Optimol Osmocoll e Blow Clean são marcas

comerciais registadas da Wescor, Inc. Obtido em http://www.wescor.com/translations/Translations/M2468-4-ES.pdf.

[II] Bidlingmeyer, B. A. (1992). Practical HPLC methodology and applications. John Wiley & Sons.

[III]ASTM D5291-16, (2016). Standard Test Methods for Instrumental Determination of Carbon, Hydrogen, and Nitrogen in Petroleum Products and Lubricants, ASTM International, West Conshohocken, PA, EUA.

[1111] Skoog, D. A., Holler, F. J. N. T. A., Timothy, A. D. A. (2001). Princípios de análise instrumental (No. 543.4/. 5). McGraw-Hill Interamericana de Espanha.

[liv] Fischer, W., Mannweiler, U., Keller, F., Perruchoud, R., Buhler, U. (1995). Anodos para a indústria do alumínio. Sierre, Suíça, R&D Carbon Ltd.

[lv] ASTM D2622-16, (2016). Standard Test Method for Sulfur in Petroleum Products by Wavelength Dispersive X-ray Fluorescence Spectrometry, ASTM International, West Conshohocken, PA, EUA.

[lvi] Kershaw, J. R., Black, K. J. (1993). Caracterização estrutural de alcatrão de carvão e breus de petróleo. Energy & fuels, 7(3), 420-425.

[lvii] Qian, S. A., Zhang, P. Z., Li, B. L. (1985). Caracterização estrutural de matérias-primas para a produção de coque: utilização de espetroscopia de RMN de 1H acoplada a 13C. Fuel, 64(8), 1085-1091.

[lviii] López, I. (1996). Curso "Introdução à Refinação de Petróleo". Centro *Internacional de Educação e Desenvolvimento, PDVSA, II* (23), Caracas -Venezuela.

[lx] Ali, F., Khan, Z. H., Ghaloum, N. (2004). Estudos estruturais das fracções destiladas de gasóleo de vácuo do petróleo bruto do Kuwait por ressonância magnética nuclear. Energy & fuels, 18(6), 1798-1805.

[Levine, I. N. (2004). Química Física (Vol. 1 e 2).

[lxii] Lyman, W. J., Reehl, W. F., Rosenblatt, D. H. (1990). Handbook of chemical property estimation methods: environmental behavior of organic compounds (Manual de métodos de estimativa de propriedades químicas: comportamento ambiental de compostos orgânicos).

[lxiii] Peters, K. E., Moldowan, J. M. (1993). The biomarker guide: interpreting molecular fossils in petroleum and ancient sediments.

[lxiv] Castellan Gilbert, W. (1998). Physicochemistry. Editorial Addison Wesley Longman. México.

[lxv] Rondón, J., Meléndez, H., Lugo, C., García, E., Barros, D., & Del Castillo, H. (2014). Construção de uma matriz de formação para a produção de piche de alcatrão de petróleo de grau anódico por craqueamento térmico. Ciência e Engenharia, 35(3), 115-123.

[lxvi] Rondón, C. J., Meléndez, Q. H., Lugo, G. C., García, M. E., Belandria, L., Barros, B. D., & Del Castillo, H. (2011). Desenvolvimento de um modelo termodinâmico molecular do processo de produção de piche de alcatrão de petróleo de grau anódico por craqueamento térmico de gasóleo a vácuo. Ciência e Engenharia, 32(3), 129-139.

Printed by Books on Demand GmbH, Norderstedt / Germany